机械识图入门
（第二版）

主　编：王明生

参　编：王　旭　陈　平

中国劳动社会保障出版社

图书在版编目(CIP)数据

机械识图入门/王明生主编. —2 版. —北京:中国劳动社会保障出版社,2015

职业技能短期培训教材

ISBN 978-7-5167-2136-0

Ⅰ.①机… Ⅱ.①王… Ⅲ.①机械图-识别-技术培训-教材 Ⅳ.①TH126.1

中国版本图书馆 CIP 数据核字(2015)第 238523 号

中国劳动社会保障出版社出版发行

(北京市惠新东街 1 号　邮政编码:100029)

*

三河市华骏印务包装有限公司印刷装订　　新华书店经销

850 毫米×1168 毫米　32 开本　6.25 印张　154 千字

2015 年 10 月第 2 版　　2024 年 4 月第 7 次印刷

定价:**12.00** 元

营销中心电话:400-606-6496

出版社网址:**http://www.class.com.cn**

前言

　　职业技能培训是提高劳动者知识与技能水平、增强劳动者就业能力的有效措施。职业技能短期培训，能够在短期内使受培训者掌握一门技能，达到上岗要求，顺利实现就业。

　　为了适应开展职业技能短期培训的需要，促进短期培训向规范化发展，提高培训质量，中国劳动社会保障出版社组织编写了职业技能短期培训系列教材，涉及二产和三产百余种职业（工种）。在组织编写教材的过程中，以相应职业（工种）的国家职业标准和岗位要求为依据，并力求使教材具有以下特点：

　　短。教材适合 15～30 天的短期培训，在较短的时间内，让受培训者掌握一种技能，从而实现就业。

　　薄。教材厚度薄，字数一般在 10 万字左右。教材中只讲述必要的知识和技能，不详细介绍有关的理论，避免多而全，强调有用和实用，从而将最有效的技能传授给受培训者。

　　易。内容通俗，图文并茂，容易学习和掌握。教材以技能操作和技能培养为主线，用图文相结合的方式，通过实例，一步步地介绍各项操作技能，便于学习、理解和对照操作。

　　这套教材适合于各级各类职业学校、职业培训机构在开展职业技能短期培训时使用。欢迎职业学校、培训机构和读者对教材中存在的不足之处提出宝贵意见和建议。

人力资源和社会保障部教材办公室

简介

  本书是根据国家职业技能标准对机械加工制造类主要职业初级工的要求编写的。主要内容包括：机械制图基本知识、投影法基础、识读组合体的三视图、机件常用的表达方法、标准件和常用件、极限与配合、识读零件图与装配图等。

  本书适合于机械加工制造类的车工、钳工、铣工、磨工、镗工、铸造工、锻造工、冷作钣金工、焊工等职业使用。其中，焊工、冷作钣金工学习前四单元和第六单元的内容；车工、铣工、磨工、镗工、铸造工、锻造工学习前七单元的内容；钳工学习全书内容。

  本书是在《机械识图入门》第一版基础上进行的修订，根据培训实际需要作了增补：将《机械制图》及《极限与配合》的旧标准改为新标准；强化了正投影理论；增加了截交线及相贯线的投影作图内容；充实了零件图和装配图的内容；增设了适量的习题。

  本书由王明生主编，王旭、陈平参编，梁东晓主审。本书的编写得到了辽宁省人力资源和社会保障厅的大力支持，在此表示衷心的感谢。

目录

第一单元　机械制图基本知识 ……………………………… （ 1 ）

模块一　认识机械图样 ……………………………… （ 1 ）

模块二　制图的基本规定 …………………………… （ 4 ）

第二单元　投影法基础 ………………………………… （ 17 ）

模块一　投影法概述 ………………………………… （ 17 ）

模块二　物体的三视图及投影规律 ………………… （ 20 ）

模块三　点的投影 …………………………………… （ 24 ）

模块四　直线的投影 ………………………………… （ 28 ）

模块五　面的投影 …………………………………… （ 31 ）

模块六　基本体的三视图 …………………………… （ 35 ）

练习题 ………………………………………………… （ 42 ）

第三单元　识读组合体的三视图 …………………… （ 45 ）

模块一　截交线与相贯线的投影 …………………… （ 45 ）

模块二　组合体的组合形式与表面连接关系 ……… （ 54 ）

模块三　组合体的尺寸标注 ………………………… （ 57 ）

模块四　识读组合体视图的方法与步骤 …………… （ 61 ）

练习题 ………………………………………………… （ 69 ）

第四单元　机件常用的表达方法 …………………… （ 73 ）

模块一　视图 ………………………………………… （ 73 ）

模块二　剖视图 ……………………………………… （ 77 ）

模块三　断面图和局部放大图 ……………………（86）

模块四　简化画法 …………………………………（90）

练习题 ………………………………………………（93）

第五单元　标准件和常用件 ……………………（95）

模块一　螺纹及螺纹紧固件 ………………………（95）

模块二　键、销连接 ………………………………（108）

模块三　齿轮和滚动轴承 …………………………（111）

练习题 ………………………………………………（117）

第六单元　极限与配合 …………………………（119）

模块一　互换性与标准化 …………………………（119）

模块二　尺寸公差 …………………………………（120）

模块三　几何公差 …………………………………（126）

模块四　表面粗糙度 ………………………………（135）

练习题 ………………………………………………（138）

第七单元　识读零件图 …………………………（139）

模块一　零件图的内容 ……………………………（139）

模块二　零件上常见的工艺结构 …………………（141）

模块三　零件尺寸的合理标注 ……………………（145）

模块四　识读零件图的要求、方法和步骤 ………（149）

模块五　识读典型零件的零件图 …………………（150）

练习题 ………………………………………………（156）

第八单元　识读装配图 …………………………（159）

模块一　装配图的内容和表达方法 ………………（159）

模块二　装配图的尺寸标注、零部件序号和明细栏 …（163）

模块三　识读装配图的方法与步骤 ………………（165）

练习题 ························· （174）

单元练习题部分参考答案 ············· （177）

培训大纲建议 ····················· （188）

参考文献 ························· （192）

第一单元　机械制图基本知识

模块一　认识机械图样

图样是根据投影原理、标准或有关规定表示工程对象，并有必要的技术说明的图。

在现代化生产活动中，无论是机械、化工、船舶，还是建筑工程等行业都是依据图样进行设计、制造和施工的。图样是表达设计意图及交流技术思想的媒介和工具，是工程界通用的技术语言，是指导生产的技术文件。作为生产一线的技能型人才，必须具备识读和绘制图样的能力。

机械图样主要包括零件图和装配图。如图1—1所示为铣刀头实物模型图，图1—2所示为铣刀头端盖的零件图，图1—3所示

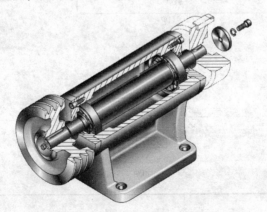

图1—1　铣刀头实物模型图

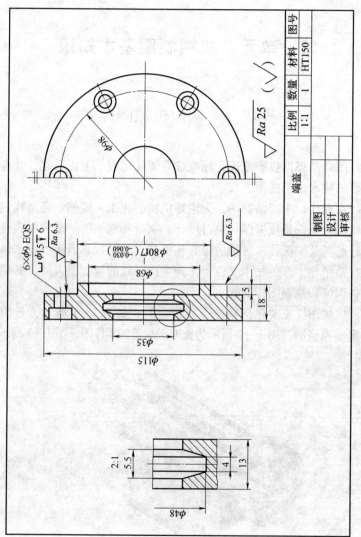

图 1—2　铣刀头端盖的零件图

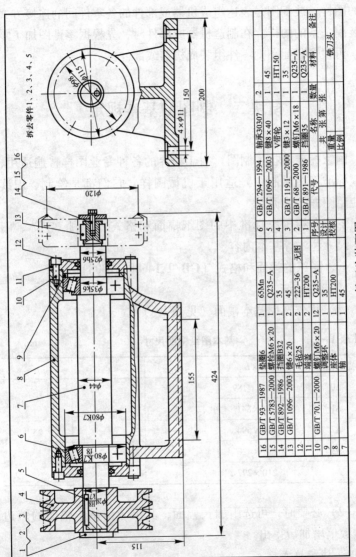

拆去零件1、2、3、4、5

图 1—3　铣刀头装配图

16	GB/T 93—1987	垫圈6	1	65Mn			6	GB/T 294—1994	轴承30307	2		
15	GB/T 5783—2000	螺栓M6×20	1	Q235-A			5	GB/T 1096—2003	键8×40		45	
14	GB/T 892—1986	挡圈B32	1	35			4		V带轮	1	HT150	
13	GB/T 1096—2003	键6×20	1	45			3	GB/T 119.1—2000	键3×12	3	35	
12		毛毡25	2	222-36	无图		2	GB/T 68—2000	螺钉M6×18	1	Q235-A	
11		端盖	2	HT200			1	GB/T 891—1986	挡圈35	1	Q235-A	
10	GB/T 70.1—2000	螺钉M6×20	12	Q235-A			序号	代号	名称	数量	材料	备注
9		调整环	1	35			设计			共 张 第 张		铣刀头
8		座体	1	HT200			校核			重量 比例		
7		轴	1	45								

· 3 ·

为铣刀头装配图。零件图是表达零件结构、形状、大小及技术要求的图样；装配图是表达组成机器或部件的各零件间的连接方式和装配关系的图样。在制造机器或部件时，先根据零件图加工零件，再根据装配图把零件组装成机器或部件。

模块二　制图的基本规定

国家标准《技术制图》对工程界的各种专业图样普遍适用，国家标准《机械制图》适用于机械图样，它们都是绘制、识读和使用图样的依据。

下面介绍国家标准中的图纸幅面和格式、比例、字体、图线、尺寸注法等基本内容。

一、图纸的幅面和格式（GB/T 14688—2008）

1. 图纸幅面

（1）优先选用基本幅面（见表1—1）。

表1—1　　　　　　　　基本图纸幅面尺寸　　　　　　　　　mm

幅面代号	$B \times L$	e	c	a
A0	841 × 1 189	20	10	25
A1	594 × 841	20	10	25
A2	420 × 594	20	10	25
A3	297 × 420	10	5	25
A4	210 × 297	10	5	25

（2）必要时，可选用加长幅面，其尺寸由基本幅面的短边成整数倍增加后得出。

2. 图框格式

在图纸的四周用粗实线围成一个绘图区域，称为图框线，其

格式分为留装订边和不留装订边两种，如图 1—4 和图 1—5
所示。

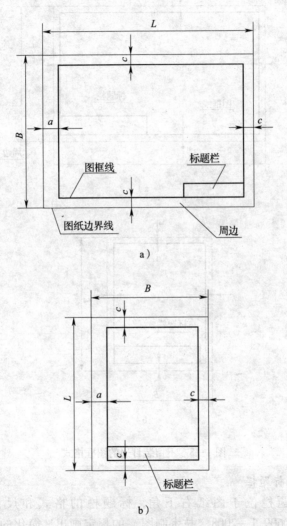

图1—4　留装订边的图框格式

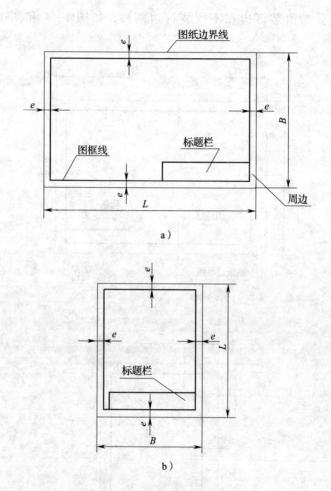

图1—5 不留装订边的图框格式

3. 标题栏

标题栏位于图纸右下角，标题栏的格式和尺寸应按GB/T 10609.1—2008《技术制图》的规定画出。简化的标题栏格式如图1—6所示。

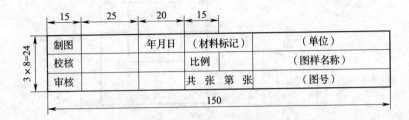

图1—6 简化的标题栏格式

二、比例（GB/T 14690—1993）

1．定义

比例是指图样中图形与其实物相应要素的线性尺寸之比。

2．比例的种类

(1) 原值比例：比值为1，即1:1。

(2) 放大比例：比值大于1，如2:1、5:1等。

(3) 缩小比例：比值小于1，如1:2、1:5等。

3．比例系列

图样的比例按照表1—2所规定的系列选取。

表1—2 比 例 系 列

种类	比 例					
原值比例	1:1					
放大比例	2:1	5:1	$1 \times 10^n : 1$	$2 \times 10^n : 1$	$5 \times 10^n : 1$	
缩小比例	1:2	1:5	1:10	$1:2 \times 10^n$	$1:5 \times 10^n$	$1:1 \times 10^n$

4．比例的标注方法

(1) 比例的符号应以"："号表示，如1:1、2:1、1:5等。

(2) 比例一般注写在标题栏中的比例栏内。注意：不论采用何种比例，图中所注的尺寸数值为机件的实际大小，与绘图比例无关，如图1—7所示。

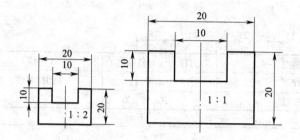

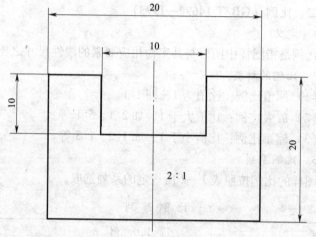

图1—7 图形比例与尺寸

三、字体（GB/T 14691—1993）

1. 字体书写的总体要求

字体工整、笔画清楚、间隔均匀、排列整齐。

2. 字体高度（h）（即字体号数）

国家标准分为 8 个系列：1.8 mm、2.5 mm、3.5 mm、5 mm、7 mm、10 mm、14 mm、20 mm。

3. 汉字

汉字采用长仿宋体，字宽一般为字高的 $1/\sqrt{2}$，并采用国家正式公布的简化字。

4. 字母和数字

字母和数字可写成斜体和直体。斜体字字头向右倾斜，与水平基准线成75°。

字体书写示例如下：

汉字

10 号字

字体工整笔画清楚间隔均匀排列整齐

7 号字

横平竖直注意起落结构均匀填满方格

5 号字

技术制图机械电子汽车船舶土木建筑矿山井坑港口纺织服装

3.5 号字

螺纹齿轮端子接线飞行指导驾驶舱位挖填施工引水通风闸阀坝棉麻化纤

斜体阿拉伯数字 *0123456789*

大写斜体拉丁字母 *ABCDEFGHIJKLMNO*

PQRSTUVWXYZ

小写斜体拉丁字母 *abcdefghijklmnopq*

rstuvwxyz

斜体罗马数字 *ⅠⅡⅢⅣⅤⅥⅦⅧⅨⅩ*

四、图线 （GB/T 17450—1998、GB/T 4457.4—2002）

1. 图线的线型及应用

图线名称、线型、宽度及一般应用见表1—3。

表1—3　　　　图线名称、线型、宽度及一般应用

图线名称	线型	图线宽度	一般应用举例
粗实线	——————	b	可见轮廓线
细实线	——————	$b/2$	1. 尺寸线和尺寸界线 2. 剖面线 3. 重合断面的轮廓线 4. 过渡线
细虚线	– – – – – –	$b/2$	不可见轮廓线
细点画线	—— · —— · ——	$b/2$	1. 轴线 2. 对称中心线
粗点画线	—— · · ——	b	限定范围表示线
细双点画线	—— ·· —— ·· ——	$b/2$	1. 相邻辅助零件的轮廓线 2. 轨迹线 3. 可动零件的极限位置的轮廓线 4. 中断线
波浪线	～～～	$b/2$	1. 断裂处边界线 2. 视图与剖视图的分界线
双折线	—/\/\—	$b/2$	1. 断裂处边界线 2. 视图与剖视图的分界线
粗虚线	━ ━ ━ ━ ━	b	允许表面处理的表示线

图线的应用示例如图1—8所示。

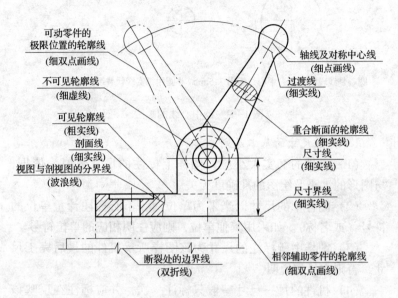

可动零件的
极限位置的轮廓线
(细双点画线)

不可见轮廓线
(细虚线)

可见轮廓线
(粗实线)
剖面线
(细实线)
视图与剖视图的分界线
(波浪线)

轴线及对称中心线
(细点画线)

过渡线
(细实线)

重合断面的轮廓线
(细实线)
尺寸线
(细实线)

尺寸界线
(细实线)

断裂处的边界线
(双折线)

相邻辅助零件的轮廓线
(细双点画线)

图1—8　图线的应用示例

2．图线的画法

（1）图线的宽度应根据图纸幅面的大小和所表达对象的复杂程度选取，一般选 $b = 0.25$ mm、0.35 mm、0.5 mm、0.7 mm和1 mm。在同一张图样中，同类图线的线宽应一致。

（2）虚线、点画线、双折线及双点画线中线段的长度在同一张图样中应尽量一致。

（3）点画线及双点画线的首末两端应是线段。

（4）圆的中心线的画法如图1—9所示。

五、尺寸注法

图样中，用图形表示机件的形状，用尺寸表示机件的大小。在标注尺寸时，必须严格遵守国家标准中的有关规定，做到正确、齐全、清晰和合理。

圆心是线段的交点　　中心线超出 3~5mm　小圆用细实线代替细点画线

图1—9　圆中心线的画法

1．标注尺寸的基本原则

（1）机件的真实大小应以图样上标注的尺寸数值为依据，与图形的大小及绘图的准确度无关。

（2）图样中的尺寸以毫米为单位时，不必标注计量单位的符号（或名称）。如采用其他单位，则应注明相应的单位符号。

（3）图样中所标注的尺寸为该图样所示机件的最后完工尺寸，否则应另加说明。

（4）机件的每一尺寸一般只标注一次，并应标注在反映该结构最清晰的图形上。

（5）标注尺寸时，应尽可能使用符号或缩写词（见表1—4）。

表1—4　　　　　常用的符号和缩写词

含义	符号或缩写词	含义	符号或缩写词
直径	ϕ	正方形	□
半径	R	深度	▼
球直径	$S\phi$	沉孔或锪平	⊔
球半径	SR	埋头孔	⌄
厚度	t	弧长	⌒
均布	EQS	斜度	∠
45°倒角	C	锥度	◁

2. 尺寸的组成

如图 1—10 所示，一个完整的尺寸包括尺寸线、尺寸界线和尺寸数字。

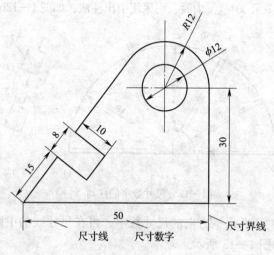

图 1—10　尺寸的组成

（1）尺寸线

1）尺寸线必须用细实线单独画出，不能用其他图线代替。

2）尺寸线的终端有箭头和斜线两种形式（见图 1—11），机械图样中一般采用箭头作为尺寸线的终端。

3）尺寸线应与被标注的线段平行。

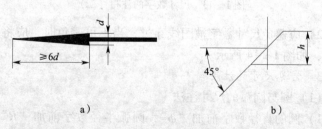

a）

b）

图 1—11　尺寸线终端形式

（2）尺寸界线。尺寸界线用细实线绘制，也可以用轮廓线或中心线作为尺寸界线。

（3）尺寸数字。尺寸数字的注写方法如图1—12a所示。当尺寸线处于图示30°范围内时，可采用引出注法，如图1—12b所示。

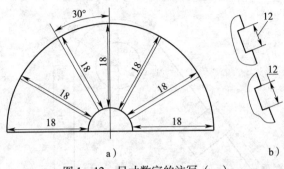

a）

b）

图1—12　尺寸数字的注写（一）

1）对于非水平方向的尺寸数字，可在尺寸线的中断处水平书写，如图1—13所示。

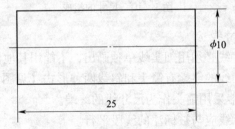

图1—13　尺寸数字的注写（二）

2）应避免尺寸数字被图线穿过，当不可避免时，应将图线断开，如图1—14所示。

3．常见尺寸的注法

（1）圆与圆弧的尺寸注法

1）圆的直径数字前加"ϕ"，圆弧半径数字前加"R"，尺寸线过圆心，如图1—15所示。

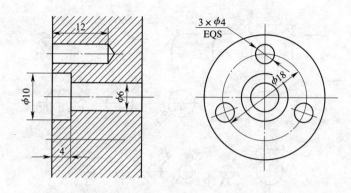

图1—14 尺寸数字的注写（三）

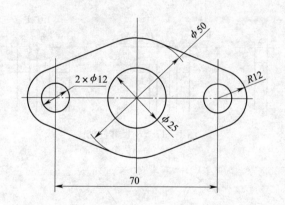

图1—15 直径与半径的尺寸标注

2）标注小的直径（或半径）时，箭头和数字均可布置在图形的外面，如图1—16所示。

（2）小尺寸注法。标注一连串小尺寸时，可用小圆点或斜线代替箭头，外侧箭头仍要画出，如图1—17所示。

（3）角度注法。角度的尺寸线为以角顶点为圆心的圆弧，尺寸界线为角的两边，角度数字一律水平书写，如图1—18所示。

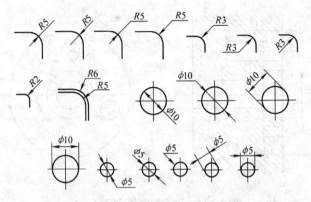

图 1—16 小的直径（或半径）的尺寸注法

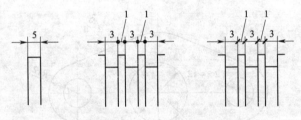

图 1—17 小尺寸注法

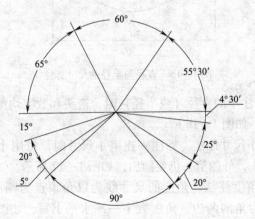

图 1—18 角度注法

第二单元　投影法基础

模块一　投影法概述

光照到物体上会在地上或墙上留下它的影子。投影法就是根据这种投影现象经过科学抽象总结出来的规律。

投射线（即光线）通过物体向选定的面投射并在该面上得到图形的方法称为投影法。通过投影法得到图形称为投影，得到投影的面称为投影面。

一、投影法的分类

1. 中心投影法

中心投影法是投射线汇交于一点的投影法。如图 2—1 所示，投射线 SA、SB、SC、SD 与投影面 H 的交点 a、b、c、d 即为点 A、B、C、D 在 H 面上的投影；□$abcd$ 即为平面□$ABCD$ 的投影。这种投影法具有较强的立体感，但投影与实物大小不等，所以在机械图样中较少使用。

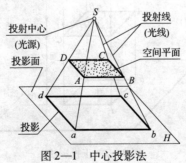

图 2—1　中心投影法

2. 平行投影法

平行投影法是投射线相互平行的投影法。平行投影法按投射
线是否垂直于投影面又可分为斜投影法和正投影法。

（1）斜投影法。投射线倾斜于投影面时，称为斜投影法，
相应的投影称为斜投影，主要用于绘制轴测图，如图2—2所示。

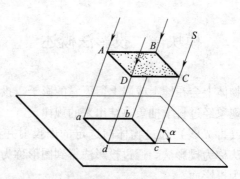

图2—2　斜投影法

（2）正投影法。投射线垂直于投影面时，称为正投影法。
其投影称为正投影，简称为投影。当物体的表面平行于投影面
时，其正投影反映该表面的真实形状和大小，因此，正投影法被
用来绘制机械图样，如图2—3所示。

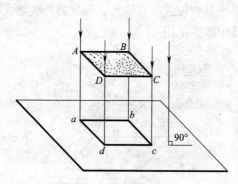

图2—3　正投影法

二、正投影法的基本性质

1. 显实性

平面平行投影面，投影实形现；直线平行投影面，投影实长现，如图 2—4 中 M 面及 BC 边。

2. 积聚性

平面垂直投影面，投影变成线；直线垂直投影面，投影成一点，如图 2—4 中 Q 面及 CD 边。

3. 类似性

平面倾斜投影面，投影类似形；直线倾斜投影面，投影长变短，如图 2—4 中 F 面及 AB 边。

小知识：

类似形是指：

1. 该物体表面的投影面积小于其实际面积。

2. 若原图形为平面多边形，则其投影也是与其边数相等的多边形。

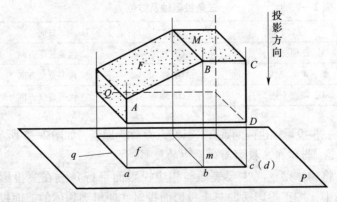

图 2—4　正投影法的基本性质

模块二 物体的三视图及投影规律

由于物体有前后、上下和左右六个方位，而物体的一面视图往往不能全方位反映物体的真实形状，因此，为了全面表达物体的形状，通常要设立三个投影面，并用正投影法得到物体的三面正投影，即三视图。

一、三视图的形成过程

1. 三投影面体系的建立

将房间中正对着观察者的墙面作为正立投影面（简称正面），用 V 表示；把水平地面作为水平投影面（简称水平面），用 H 表示；把右侧墙面作为侧立投影面（简称侧面），用 W 表示。可见这三个投影面两两垂直，构成了房间的一角。V、H、W 三个投影面形成三条交线，称为投影轴，三条投影轴及方位见表 2—1。

表 2—1 三条投影轴及方位

位置	名称	方向
V、H 面交线	OX 轴	代表长度方向
H、W 面交线	OY 轴	代表宽度方向
V、W 面交线	OZ 轴	代表高度方向

三根投影轴也两两垂直，其交点 O 称为原点，如图 2—5 所示。

2. 物体在三投影面体系中的投影

将物体摆正（主要表面与相应投影面平行）放在三投影面体系中，按正投影法向三个投影面投射，便得到物体的三面投影图，即物体的三视图，如图 2—6a、b 所示。物体的三面投影及三视图名称见表 2—2。

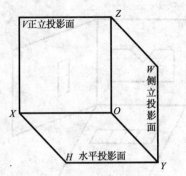

图 2—5　三投影面体系

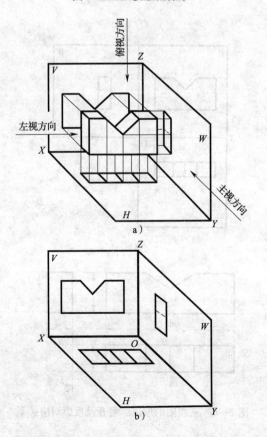

a)

b)

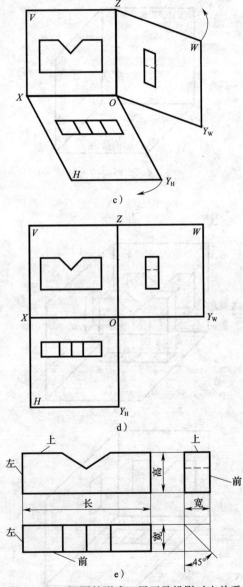

图 2—6 三视图的形成、展开及投影对应关系

表 2—2　　　　　　　　　　物体的三面投影及三视图名称

投影面	投射方向	视图名称
物体的 V 面投影	由物体前方向后方投射	主视图
物体的 H 面投影	由物体上方向下方投射	俯视图
物体的 W 面投影	由物体左方向右方投射	左视图

3．三投影面体系的展开

V 面不动，将 OY 轴一分为二，H 面上的 OY_H 轴随 H 面绕 OX 轴向下旋转 $90°$；W 面上的 OY_W 轴随 W 面绕 OZ 轴向后旋转 $90°$（见图 2—6c），则三投影面摊平在同一个平面上（即一张图纸上），如图 2—6d 所示。

二、三视图之间的对应关系

1．三视图的位置关系

以主视图为基准，俯视图在它的正下方，左视图在它的正右方。

2．三视图之间的"三等"关系

从三视图的形成过程可以看出，由于宽度边垂直于 V 面，所以其投影在 V 面上积聚成一点，因此，主视图反映物体的长度和高度；同理，可推断俯视图反映物体的长度和宽度；左视图反映物体的宽度和高度（见图 2—6e）。所以：

主、俯视图反映物体相同的长度——长对正；

主、左视图反映物体相同的高度——高平齐；

俯、左视图反映物体相同的宽度——宽相等。

这一重要结论不仅适用于整个物体，也适用于物体上每一个组成部分（面、线、点）。

3．物体方位与视图的关系

观察者面对 V 面，看物体的上下、左右、前后六个方位，如图 2—6a 所示，主视图反映物体的上下、左右四个方位，不能反映物体的前后方位；俯视图反映物体的前后、左右四个方位，不能反映物体的上下方位；左视图反映物体的前后、上下方位，不能反映物体的左右方位，即俯、左视图远离主视图的一侧表示物体的前方，如图 2—6e 所示。

俯视图、左视图不仅宽相等，而且还应保持前后位置的对应关系。因此，以后画三视图时可省略投影轴，直接利用"三等"规律作图。为实现俯、左视图的宽相等，初学者应将俯、左视图后端面的轮廓线（或前、后对称线）延长，自交点处画45°线，以确保宽相等，如图 2—6e 所示。

> 提示：
>
> 以后画三视图时，不必画出投影面的边框，因为它的大小足够安放视图。
>
> 要理解好三视图之间的对应关系，一定要从物体的空间投影方向到三视图的展开，再从三视图的展开返回物体的空间投影，从这样相互转化的过程入手，把位置关系、"三等"关系、视图与方位关系联系在一起分析。

模块三　点的投影

物体是由点、线、面构成的，如图 2—7 所示，正四棱锥由五个顶点、八条棱线、五个表面所构成。要想学好物体的三视图，首先要掌握点、线、面的投影规律。

一、点的三面投影的形成及标记

如图2—8 所示，过空间点 A 分别向三个投影面作垂线，其垂足 a'、a、a'' 即为点 A 的三面投影。空间点及其投影的标记为：

空间点大写用 A、B、C···表示；V 面投影用 a'、b'、c'···表示；H 面投影用 a、b、c···表示；W 面投影用 a"、b"、c"···表示。

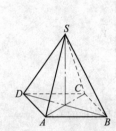

图 2—7　正四棱锥的构成

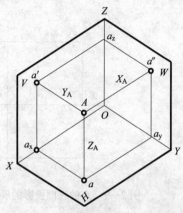

图 2—8　点在三投影面体系中的投影

二、点的坐标与投影的关系

由于三投影轴 OX、OY、OZ 相互垂直，因此可将其当作空间直角坐标系，投影面当作坐标面，则空间点的位置可用坐标来确定。点 A 到 W 面、V 面和 H 面的距离分别用 x、y、z 表示，即 A $(x、y、z)$。

根据点 A 的三面投影的形成过程不难看出，点 a' 的位置由 x、z 坐标决定，即 a' $(x、z)$；同理，其他两个投影标记为 a $(x、y)$ 和 a" $(y、z)$。由此可见，点的坐标与其投影是一一对应的。

三、点的投影规律

将点的三面投影按三视图的展开方法展开，并根据点的坐标确定点的三面投影的位置，由此就会得到点的投影规律：点的 V 面投影与 H 面投影有一个共同的 x 坐标；点的 V 面投影与 W 面投影有一个共同的 z 坐标；点的 H 面投影与 W 面投影有一个共同的 y 坐标。以上结论可以归结到物体的整体投影规律中，即可与"长对正，高平齐，宽相等"类比，其含义相同，如图 2—9 所示。

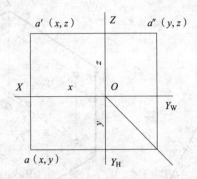

图 2—9　点的三面投影的展开、投影与坐标的关系

四、两点的相对位置

如图 2—10 所示，空间两点的相对位置靠三向坐标差来确定。其中 x 坐标大者在左；y 坐标大者在前；z 坐标大者在上。图中 $x_A > x_B$，$y_A < y_B$，$z_A < z_B$，所以 A 点在 B 点的左、后、下方。

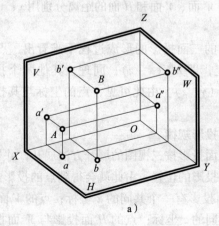

a）

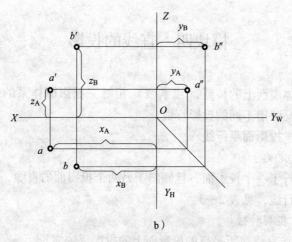

b)

图2—10 两点的相对位置

五、重影点的投影

如图2—11所示，由于 B、A 两点的 x、y 坐标相同，所以水平面投影重合，不可见点的标记要加上括号，如 (a)。由此可见，若两点处在某一投影面的同一条投射线上，则这两点在该面上的投影必重合。这两个点称为对该投影面的一对重影点。

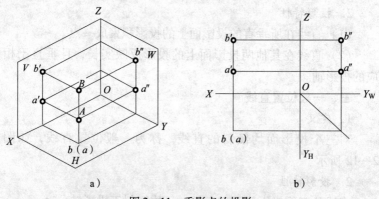

a)   b)

图2—11 重影点的投影

模块四　直线的投影

　　物体表面上的棱线（或素线）相对三投影面体系的位置不同，会反映出不同的投影特性。

一、投影面平行线

1. 定义

　　平行于一个投影面，且倾斜于另两个投影面的直线，称为投影面平行线，见表2—3。

2. 投影特性

　　（1）直线在所平行的投影面上的投影反映实长。

　　（2）直线在其他两投影面上的投影均小于实长，且平行于相应的投影轴。

二、投影面垂直线

1. 定义

　　垂直于一个投影面，必平行于另两个投影面的直线，称为投影面垂直线，见表2—4。

2. 投影特性

　　（1）直线在所垂直的投影面上的投影积聚成一点。

　　（2）直线在其他两投影面上的投影反映实长，且垂直于相应的投影轴。

三、一般位置直线

1. 定义

　　对三个投影面均倾斜的直线，称为一般位置直线，如图2—12所示。

2. 投影特性

　　直线的三面投影均小于实长，且均倾斜于投影轴。

表 2—3　　投影面平行线的投影特性

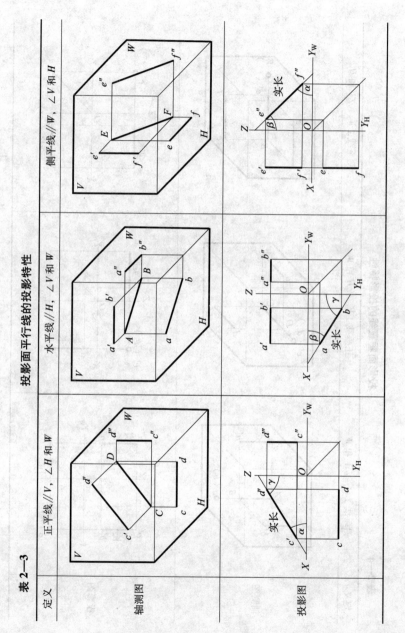

定义	正平线 //V，∠H 和 W	水平线 //H，∠V 和 W	侧平线 //W，∠V 和 H
轴测图			
投影图			

表2—4　　　　　　投影面垂直线的投影特性

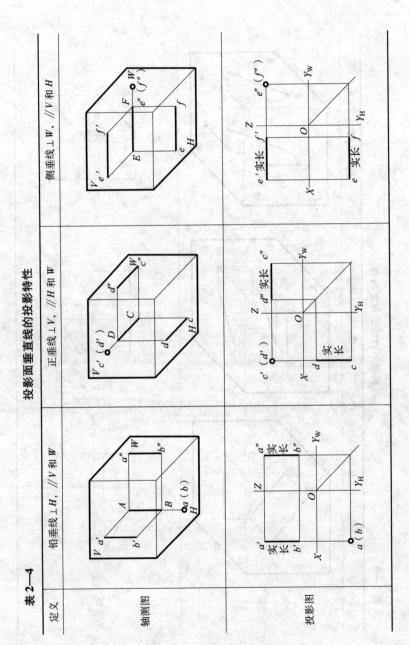

定义	铅垂线⊥H，//V和W	正垂线⊥V，//H和W	侧垂线⊥W，//V和H
轴测图			
投影图			

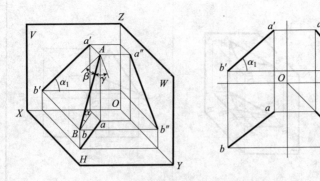

图 2—12 一般位置平面的投影特性

模块五 面 的 投 影

物体的表面相对三投影面体系有不同的方位，因此反映出不同的投影特性。

一、投影面平行面

1．定义

平行于一个投影面，垂直于另外两个投影面的平面，称为投影面平行面，见表 2—5。

2．投影特性

（1）平面在所平行的投影面上的投影反映实形。

（2）平面在其他两投影面上的投影积聚成直线，且平行于相应的投影轴。

二、投影面垂直面

1．定义

垂直于一个投影面且倾斜于另两个投影面的平面称为投影面垂直面，见表 2—6。

表 2—5　投影面平行面的投影特性

定义	水平面//H, ⊥V和W	正平面//V, ⊥H和W	侧平面//W, ⊥V和H
轴测图	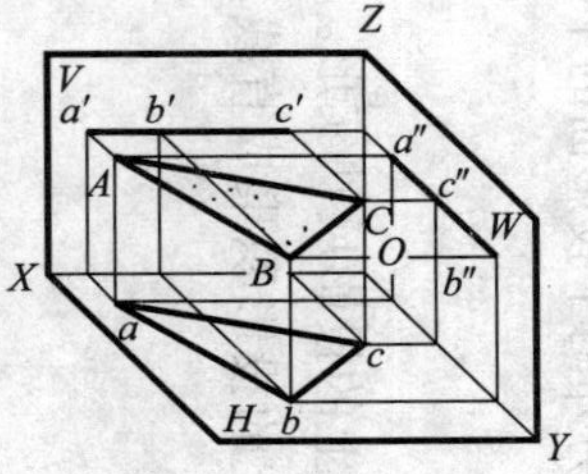	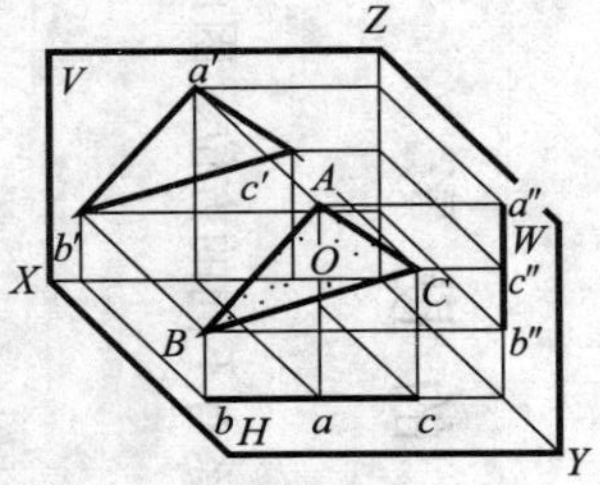	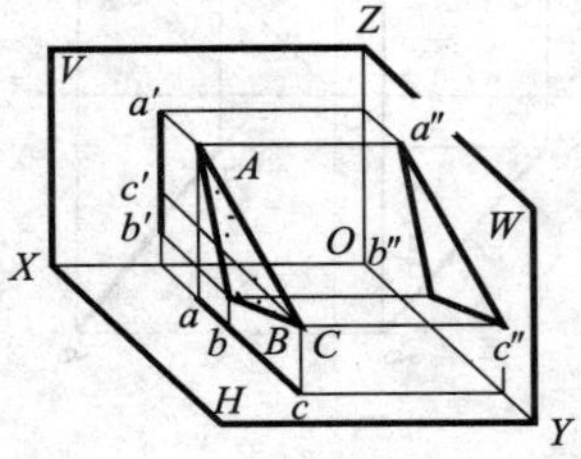
投影图	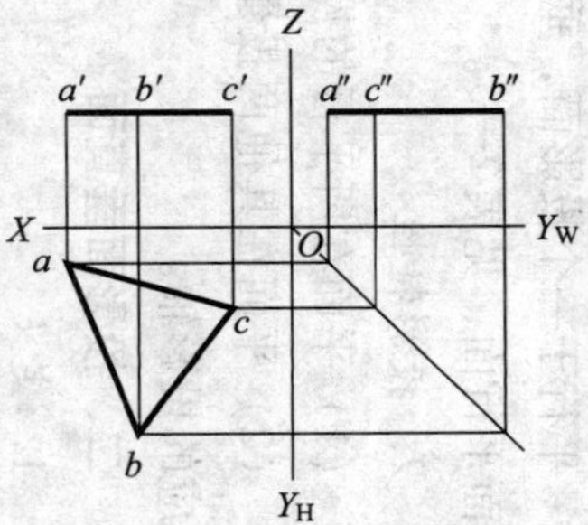	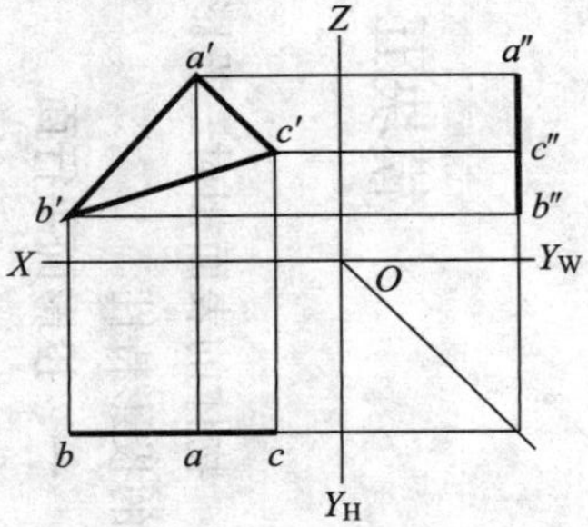	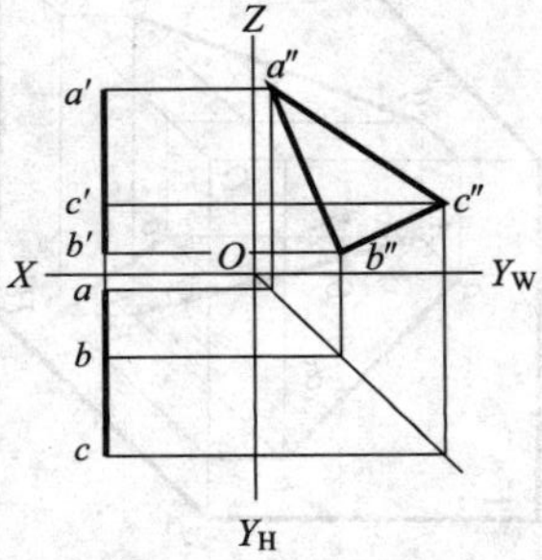

表 2—6　投影面垂直面的投影特性

定义	铅垂面⊥H，∠V和W	正垂面⊥V，∠H和W	侧垂面⊥W，∠V和H
轴测图	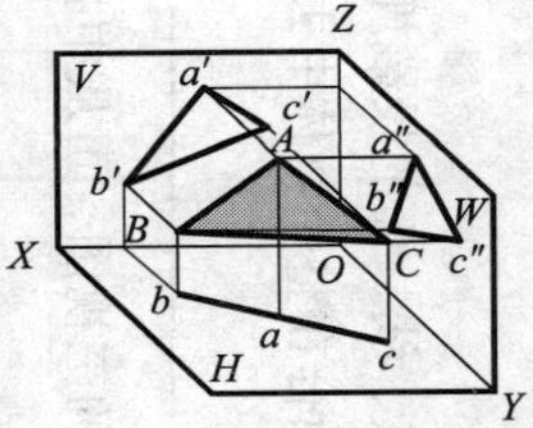	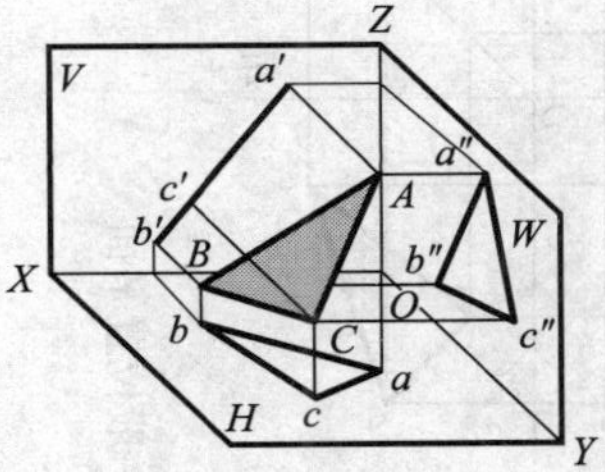	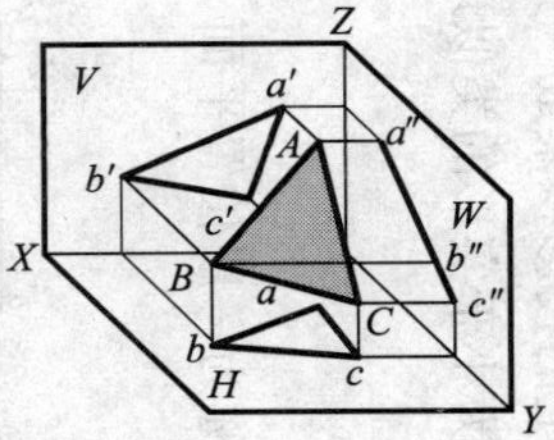
投影图	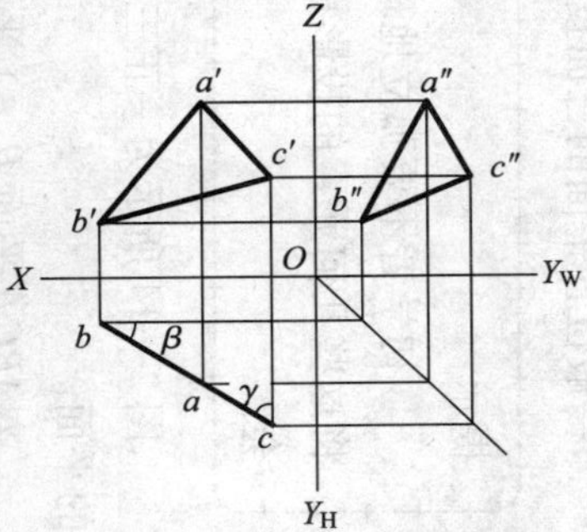	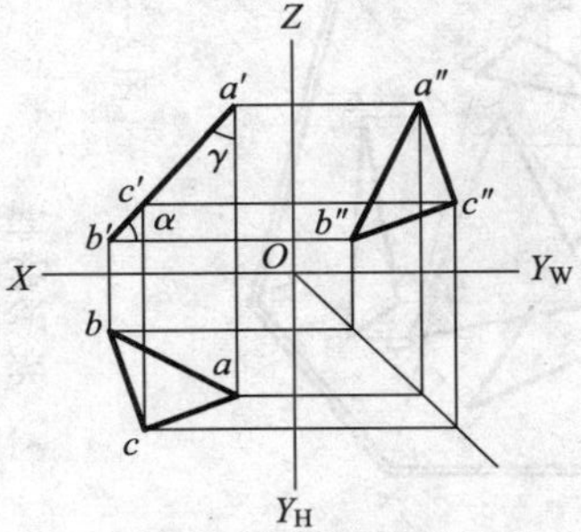	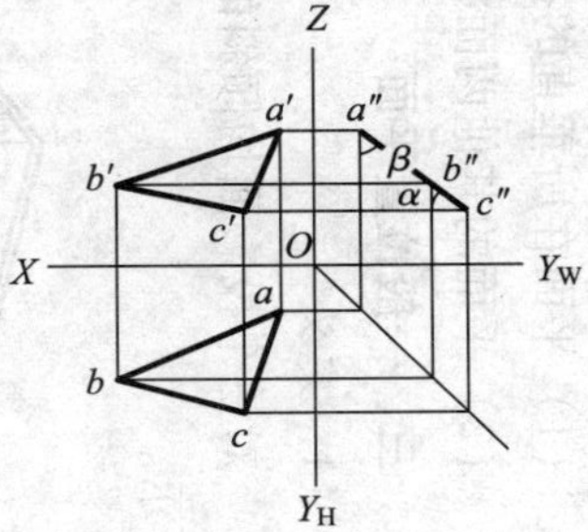

· 33 ·

2．投影特性

（1）平面在所垂直的投影面上的投影积聚成一条斜线。

（2）平面的其他两面投影均为小于实形的类似形。

三、一般位置平面

1．定义

对三个投影面均倾斜的平面称为一般位置平面，如图2—13所示。

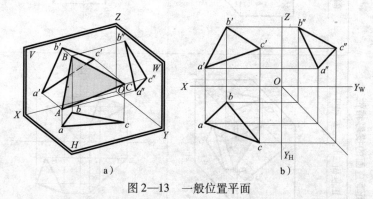

a）   b）

图2—13　一般位置平面

2．投影特性

一般位置平面的三面投影均为小于实形的类似形。

> 提示：
>
>   初学者不要孤立地理解点、线、面的投影规律，而应将这些几何元素的投影特性融合在整个物体中去理解和体会。

图2—14所示为一正三棱锥的三视图，可从中找出各种位置的平面。

△ABC∥平面H，⊥平面V和W，为水平面；△SAC⊥平面W，∠平面H和平面V，为侧垂面；△SAB和△SBC∠三个投影面，为一般位置平面。

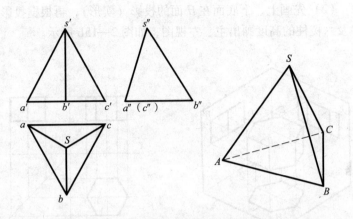

图2—14 各种位置平面的投影示例

模块六 基本体的三视图

任何复杂的物体均由若干个简单立体（即基本体）构成。基本体又分为平面立体和曲面立体，表面由平面围成的称为平面立体，如棱柱、棱锥和棱台等；表面由曲面或曲面与平面共同围成的称为曲面立体，如圆柱、圆球、圆锥和圆台等。

若要掌握复杂物体的三视图，必须先掌握基本体的三视图。

一、平面立体的三视图

1. 棱柱

如图2—15a所示，在三投影面体系中，六棱柱上、下底平行于 H 面，为水平面。六个侧面为全等矩形，其中前、后侧面平行于 V 面，为正平面；左前、左后、右前、右后四个侧面垂直于 H 面且倾斜于 V 面和 W 面，为铅垂面。

作图步骤：

（1）定基准线：画出六棱柱的对称中心线和下底面基线。

（2）先画上、下底面在 H 面的投影（实形），再根据投影规律及六棱柱的高度画出主、左视图，如图 2—15b 所示。

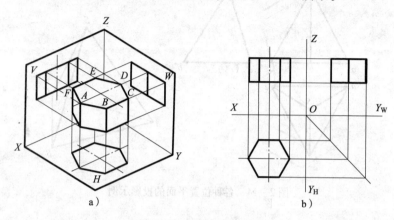

图 2—15　正六棱柱的三视图

投影分析：六棱柱的上、下底面在 H 面的投影重合且为实形，其 V、W 面投影分别积聚成两条线；六个侧面当中，前、后两侧面在 V 面的投影反映实形且重合，在 H、W 面的投影分别积聚成两条线；其余四个侧面在 H 面的投影积聚成斜线（落在六边形的边上），其他两面投影均为小于实形的类似形。

2. 棱锥

图 2—16a 所示为一正四棱锥，在三投影面体系中，下底平面 $ABCD$ 为水平面。由锥顶点 S 向下底作垂线，垂足在下底的对称中心位置，长边 BC 垂直于 W 面，宽边 BA 垂直于 V 面，因此其前后两侧面为侧垂面，左右两侧面为正垂面。

作图步骤：

（1）定基准线：画出下底面的对称中心线及下底面基线。

（2）完成下底面在 H 面的投影（实形）及其在 V 面和 W 面上的积聚性投影。

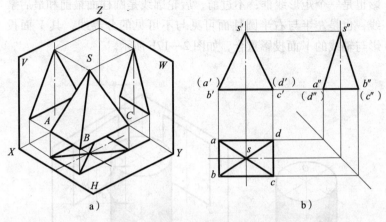

图 2—16 正四棱锥的三视图

（3）根据锥高确定锥顶点 S 的三面投影，将锥顶点和下底面四个顶点的同面投影分别连线，即得四条侧棱的三面投影，即完成四个侧面的三面投影，如图 2—16b 所示。

二、曲面立体的三视图

1. 圆柱

（1）圆柱面的形成。如图 2—17a 所示，直母线 AA 绕着与它平行的回转轴 OO 旋转，形成了圆柱面，母线回转到任一位置时称为素线。

（2）圆柱的三视图。在三投影面体系中，圆柱上、下底面平行于 H 面，即素线平行于轴线且垂直于 H 面。

投影分析：圆柱上、下底圆在 H 面上的投影为实形且重合，其他两面投影积聚成线。由于圆柱面由所有素线围拢而成，而所有素线在 H 面上的投影都积聚成底圆圆周上的点，所以圆柱面在 H 面上的投影为圆周线（积聚）；圆柱面的 V 面投影是一个矩形线框，左、右轮廓线是圆柱面的最左和最右素线，也是前、后半圆柱面可见与不可见的分界线，最左、最右两条素线的侧面投影与轴线的侧面投影重合（不必画出）；同理，圆柱面的侧面投影也是一个矩形线框，不过前、后轮廓线是圆柱面最前和最后素线，也是左半与右半圆柱面可见与不可见的分界线，其 V 面投影与轴线的 V 面投影重合，如图 2—17b 所示。

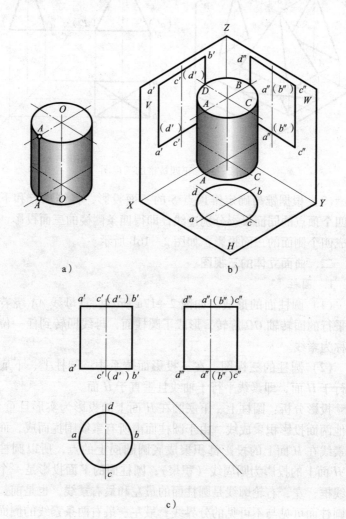

图 2—17　圆柱面的形成及三视图

作图步骤：

1）作圆的中心线、圆柱轴线及底面基线。

2）先作上、下底面在 H 面上的投影——圆，再根据投影规律及高度完成其他两视图，如图 2—17c 所示。

提示：

当圆柱的轴线垂直于某一投影面时，圆柱面在该投影面上的投影具有积聚性，而圆柱面的其他两面投影虽然外形相同，但一定要分清矩形线框是哪两个半圆柱面投影的重叠，同时也要进一步搞清楚矩形边缘是哪两条素线的投影。

2．圆锥

（1）圆锥面的形成。如图 2—18a 所示，直母线 SA 绕着与它相交的回转轴旋转形成了圆锥面，母线回转到任一位置时称为素线，即所有素线都经过锥顶点 S 和底圆周上的点。

（2）圆锥的三视图。在三投影面体系中，下底圆为水平面，由锥顶点 S 向下底作垂线，垂足为圆心。

投影分析：下底在 H 面上的投影反映实形，其他两面投影积聚成两条线；圆锥面由素线集合而成，所有素线在 H 面上的投影均为底圆上的半径，因此圆锥面在 H 面上的投影与下底重合为圆平面；圆锥面的 V 面投影为一等腰三角形，两腰为左、右两条轮廓素线的投影，同时也是前、后半圆锥面可见与不可见的分界线；圆锥面的侧面投影也为一等腰三角形，两腰是前、后两条素线的投影，如图 2—18b、c 所示。

作图步骤：

1）作底圆中心线、轴线及下底面基线。

2）先画下底面的各面投影，再根据锥高画出锥顶点的三面投影。

3）画出特殊位置素线的投影，即完成圆锥的三视图，如图 2—18c 所示。

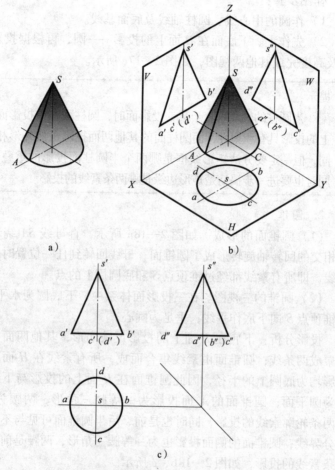

图 2—18　圆锥面的形成及三视图

3. 圆球

（1）圆球面的形成。圆球面由一条圆母线绕自身直径回转而成，如图 2—19a 所示。

（2）三视图。圆球的三视图是与圆球等径的三个圆（见图 2—19b）。其中正面投影的圆是平行于 V 面的素线圆 A（前、后半球分界线圆）的投影；水平投影的圆是平行于 H 面的素线圆 B（上、下半球分界线圆）的投影；侧面投影的圆是平行于 W 面的素线圆 C（左、右半球分界线圆）的投影。这三条素线圆的其他两面投影都落在相应的圆的中心线上。可见球面和圆锥面一样，三面投影均没有积聚性，如图 2—19c 所示。

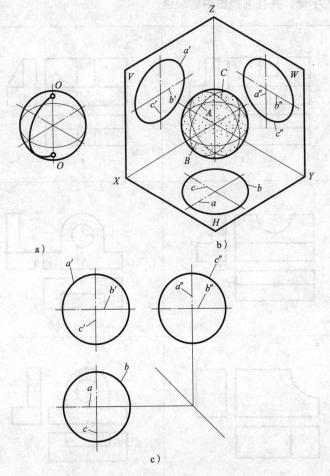

图 2—19　圆球面的形成及三视图

练 习 题

一、根据三视图找出对应的轴测图，在括号内注出对应轴测图的字母，并补画视图中的缺线。

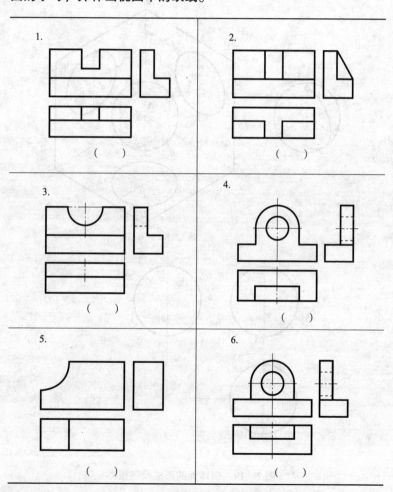

1.

（   ）

2.

（   ）

3.

（   ）

4.

（   ）

5.

（   ）

6.

（   ）

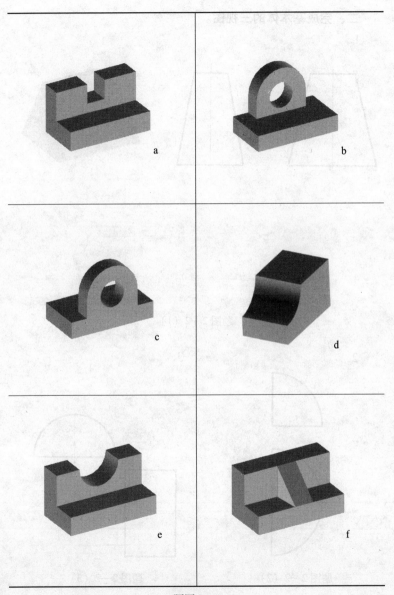

a

b

c

d

e

f

题图 2—1

二、完成基本体的三视图。

1.

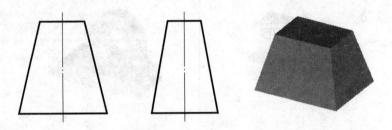

题图 2—2（1）

2.   3.

题图 2—2（2）   题图 2—2（3）

第三单元　识读组合体的三视图

模块一　截交线与相贯线的投影

许多机械零件都是由基本体切割或由若干个基本体叠加形成的。平面切割立体产生的交线称为截交线，如图 3—1a、b 所示；两立体融合为一体致使表面相交而形成的交线称为相贯线，如图 3—1c 所示。

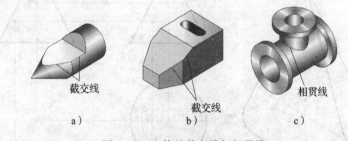

截交线　　　　　　　截交线　　　　　　相贯线

a)　　　　　　　　b)　　　　　　　　c)

图 3—1　立体的截交线与相贯线

一、求立体表面上点的投影

求立体表面上点的投影是求截交线和相贯线投影的作图基础，其方法有两种：一是利用面投影的积聚性；二是辅助（素）线法，即面上取线，线上取点。

定理一　若点在线上，则其投影也在线的投影上。

定理二　若点在面上，则其投影在面的投影范围内。

【例 3—1】　如图 3—2a 所示，空间点 M 及 N 在圆锥面上，已知 M 点的 V 面投影 m'，N 点的水平投影 n，求 M 点及 N 点的其他两面投影：m、m''和n'、n''。

解：由于点M在最左素线上，故可根据定理一直接求得m及m''，m''为可见。

由于N点在圆锥面的一般位置，而圆锥面的三面投影均没有积聚性，所以采用方法二，即辅助素线或辅助圆法，过N点作平行于下底的圆，则该圆的水平投影反映实形，其他两面投影积聚成线，N点的其他两面投影必落在该圆的积聚性投影上。以s为圆心，sn为半径画圆，其V面投影积聚成线$1'2'$，由n点求得n'，再求得n''，作图顺序如图3—2b所示。判别可见性，N点在右前四分之一圆锥面上，因此（n''）为不可见。

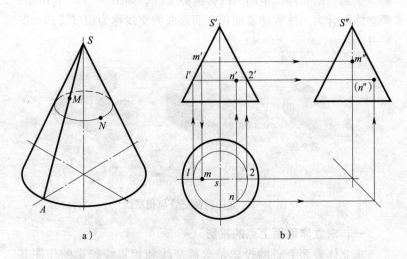

图3—2　立体表面点的投影

二、截交线的投影

平面切割立体（切割立体的平面称为截平面），截平面与立体表面的交线称为截交线。截交线具有以下基本性质：截交线是一个封闭的平面图形；截交线是截平面与立体表面的共有线，截交线上的点是截平面与立体表面的共有点。

· 46 ·

作切割体投影的步骤如下：

（1）作完整立体的三视图。

（2）作截交线的投影。

（3）去掉多余的图线（有时需添加虚线）。

1. 平面立体的截交线

平面立体的截交线是一个平面多边形，多边形的顶点是截平面切割平面立体棱线的交点，多边形的边是截平面与平面立体表面的交线。因此，只要求出截平面与被截棱线的交点的投影，即可完成截交线的投影。

【例3—2】　如图3—3c所示，压板是由长方体经过正垂面 P 和铅垂面 Q 先后两次切割而成的。试完成压板的三视图。

（1）完成长方体的三视图。

（2）作长方体被正垂面 P 切割后的三视图。如图3—3a所示，P 面切割长方体的长度棱和高度棱的交点分别为 A、D、B、C。由于截交线的 V 面投影积聚成一条直线，故由 a'、d'、b'、c' 可求出四个顶点的其他两面投影，连接四个点的同面投影即可完成该截交线的投影（截交线在 H 面、W 面的投影为原形的类似形），如图3—3b所示。

（3）作出铅垂面 Q 二次切割立体后的三视图，如图3—3c所示。Q 面切割立体的截交线为梯形 Ⅰ Ⅱ Ⅲ Ⅳ，由于其水平投影具有积聚性，故可根据这四个顶点的水平投影1、2、3、4求出其他两面投影，进而完成截交线 Ⅰ Ⅱ Ⅲ Ⅳ 的其他两个类似形投影（注：前、后两个面对称）。

（4）去掉多余的图线即得到压板的三视图，如图3—3d所示。

2. 曲面立体的截交线

（1）圆柱的截交线。根据截平面与圆柱轴线的相对位置不同，圆柱体有三种截交线，见表3—1。

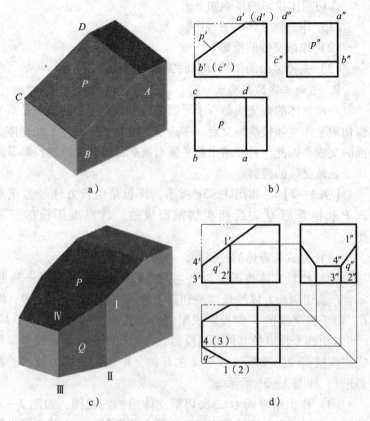

图3—3 平面立体的截交线

【例3—3】 完成圆柱切槽后（见图3—4a）的三视图。

投影分析：圆柱被平行于轴线且平行于 W 面的平面切割，截交线为矩形；槽底被垂直于轴线的水平面切割，截交线为长圆形。

作图：

1）作出完整圆柱的三视图。

2）作出圆柱开槽后的 V 面投影（截交线积聚）。

表 3—1　圆柱的三种截交线

截平面的位置	与轴线平行	与轴线垂直	与轴线倾斜
轴测图	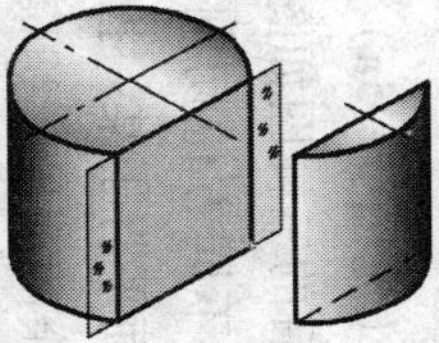	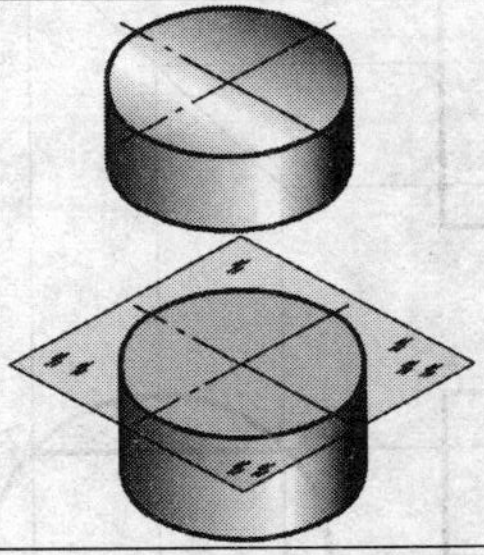	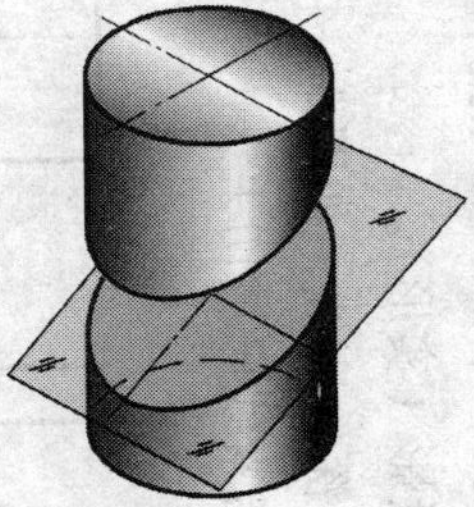
投影图	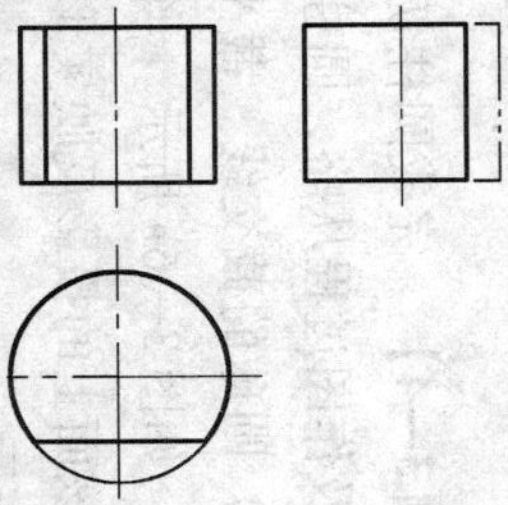	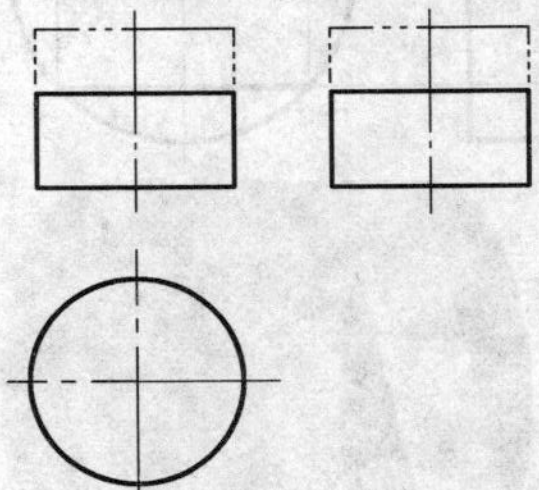	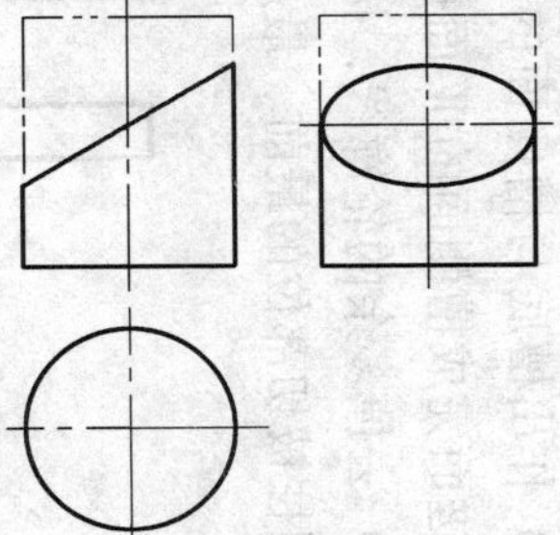
截交线的形状	矩形	圆	椭圆

3）作出槽底的水平投影（实形）及侧面投影（积聚）。

4）作出槽底与槽侧面的交线 AB（CD）的侧面投影（虚线），进而完成槽侧面的 W 面投影（实形）。

5）去掉多余的轮廓线，描深轮廓线，如图 3—4b 所示。注意：圆柱被切部位的最前、最后素线已被切去。

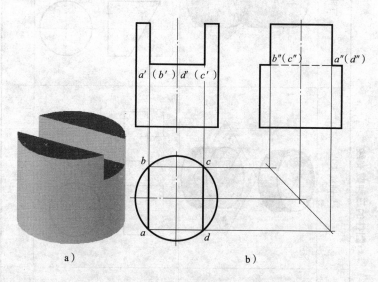

图 3—4　圆柱切槽的截交线投影

【例 3—4】　完成圆柱切口后（见图 3—5a）的三视图。投影分析及作图过程从略，圆柱切口后的三视图如图 3—5b 所示。

（2）圆球的截交线。截平面沿不同方位切割圆球，截交线均为圆，如图 3—6a 所示。当截平面平行于某一投影面时，其截交线在该面上的投影反映实形，其余两面投影积聚成直线，如图 3—6b 所示。

三、相贯线的投影

两立体表面相交产生的交线称为相贯线，如图 3—1c 所示。相贯线具有以下基本性质：

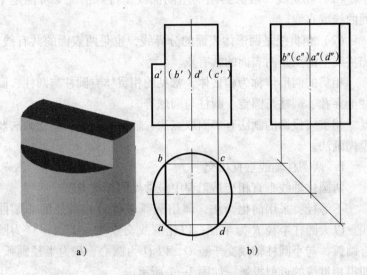

a)   b)

图 3—5　圆柱切口的截交线投影

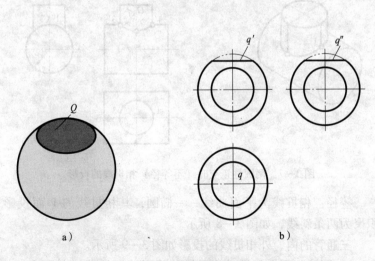

a)   b)

图 3—6　圆球的截交线

（1）相贯线一般为封闭的空间曲线，特殊情况下可能是平面曲线或直线。

（2）相贯线是两形体表面的分界线，也是两表面的共有线，相贯线上的点是两表面的共有点。

相贯的两形体称为相贯体，常见的相贯体有圆柱与圆柱、圆柱上穿孔、圆柱与圆锥、圆柱与圆球等。

相贯线投影的画法有表面取点法、辅助平面法、简化画法及模糊画法。

1. 两圆柱轴线垂直相交

两圆柱轴线垂直相交是工程中最常见的相贯类型。

不等径：采用简化画法，即用圆弧来代替相贯线的非圆曲线。以大圆柱半径 R 为半径，以轮廓线交点之一 $1'$（$3'$）为圆心画弧，与小圆柱轴线交于点 O，以 O 为圆心，R 为半径画弧，即得相贯线的近似投影，如图 3—7 所示。

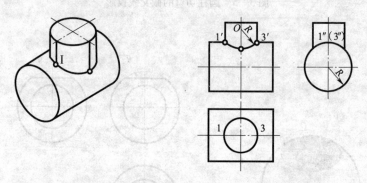

图 3—7　两圆柱正交时（不等径）相贯线的投影

等径：相贯线为平面曲线——椭圆，其相贯线的 V 面投影积聚为两条斜线，如图 3—8 所示。

三通管的内、外相贯线的投影如图 3—9 所示。

2. 圆柱与圆台相贯时相贯线的投影（画法略）如图 3—10 所示。

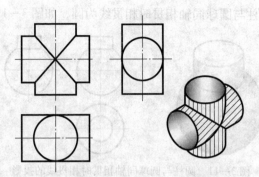

图 3—8 两圆柱正交时（等径）相贯线的投影

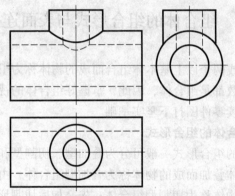

图 3—9 三通管的三视图

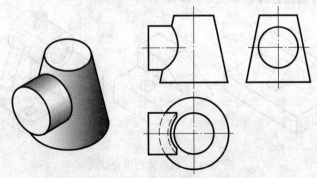

图 3—10 圆柱与圆台相贯时相贯线的投影

3. 圆柱与圆球同轴相贯时相贯线为圆，如图 3—11 所示。

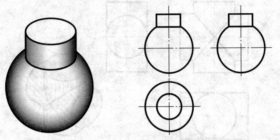

图 3—11　圆柱与圆球同轴相贯时相贯线的投影

模块二　组合体的组合形式与表面连接关系

　　由两个或两个以上基本体组合而成的物体称为组合体。机械零件绝大多数都是组合体，因此，掌握好组合体的视图将为进一步绘制和识读零件图打下坚实基础。

一、组合体的组合形式

　　组合体的组合形式一般可分为叠加型、切割型和综合型。由若干个基本体叠加而成的物体称为叠加型组合体；由一个基本体切割形成的物体称为切割型组合体；先叠加后切割形成的物体称为综合型组合体，如图 3—12 所示。

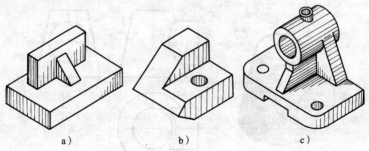

a)　　　　　　　　b)　　　　　　　　c)

图 3—12　组合体的组合形式

a) 叠加型　b) 切割型　c) 综合型

二、组合体中相邻形体表面的连接关系

相邻形体表面的连接关系有共面、不共面、相切和相交四种。

（1）共面：相邻表面无分界线，如图 3—13a 所示。

（2）不共面：相邻表面有分界线，如图 3—13b 所示。

（3）相切：如图 3—13c 所示，物体由圆筒和耳板组成，耳板的平面部分与圆柱面光滑连接，即在俯视图中，由于投影的积聚性而形成直线与圆弧相切，相切处无分界线。

（4）相交：如图 3—13d 所示，耳板的平面部分与圆柱面的交线为直线和圆弧，故其表面交线的投影必须画出。

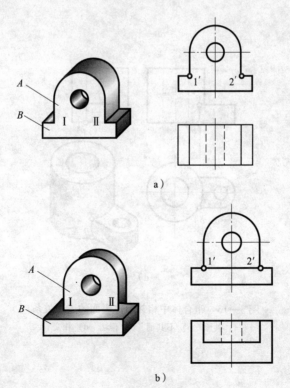

a）

b）

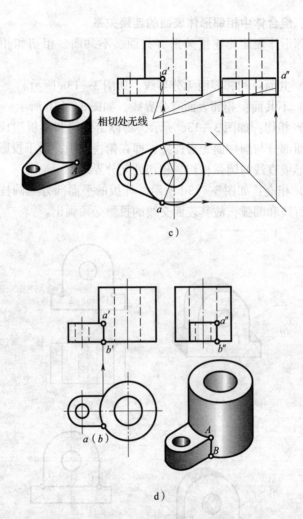

相切处无线

c)

d)

图 3—13　组合体中相邻形体表面的连接关系

a) 共面　b) 不共面　c) 相切　d) 相交

模块三 组合体的尺寸标注

视图只能表达机件的形状，而它的大小则由所标注的尺寸来决定。标注尺寸的基本原则是正确、完整、清晰和合理。

一、基本体的尺寸标注

1. 平面立体

一般应标注长、宽、高三个方向的尺寸。对于正棱柱和正棱锥，有时可注出其外接圆直径和高度尺寸，如图3—14所示。

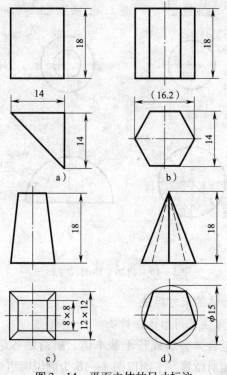

图3—14 平面立体的尺寸标注

2．曲面立体

（1）圆柱和圆锥（台）应注出其底圆直径与高度尺寸，如图 3—15a、b 所示。

（2）圆球的直径数字前加"$S\phi$"，半径数字前加"SR"，如图 3—15c、d 所示。

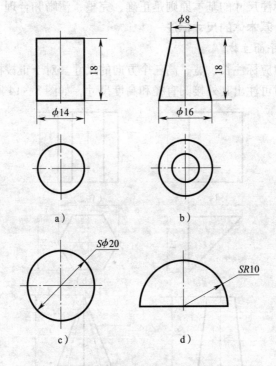

图 3—15　曲面立体的尺寸标注

二、组合体的尺寸标注

1．标注方法采用形体分析法

假想将组合体分解成若干基本体，搞清楚各组成部分的结构、形状和相对位置。下面以图 3—16 为例说明组合体尺寸的标注方法。

2. 尺寸完整

尺寸完整指标注尺寸既不漏掉也不重复。组合体的尺寸分为以下几种：

（1）定形尺寸。是指确定组合体中各基本体形状、大小的尺寸，如立板上圆孔直径、圆弧半径及底板的长、宽、高等尺寸，如图3—16a、b所示。

（2）定位尺寸。是指确定组合体中各基本体相对位置的尺寸，如确定立板孔中心高的尺寸（40）和立板与底板的相对位置尺寸（3）等，如图3—16c所示。

（3）总体尺寸。是指确定组合体外形大小的总长、总宽和总高的尺寸。

3. 尺寸基准

尺寸基准即标注尺寸的起点。标注定位尺寸时，需确定长、宽、高方向的尺寸基准。通常选择组合体的对称面、端面、底面及回转体轴线等作为尺寸基准。本例中选取组合体的左右对称面为长度方向尺寸基准；底板后端面为宽度方向尺寸基准；底面为高度方向尺寸基准。由长度基准注出底板上两孔的定位尺寸50；由宽度基准注出底板上两孔的定位尺寸25及立板的定位尺寸3；由高度基准注出立板孔的中心高40等，如图3—16c所示。

组合体的总长和总宽即底板的长（80）和宽（40）；总高尺寸由中心高加圆弧半径（40＋20）获得（见图3—16c）。注意：当组合体的一端为回转体时，一般只标注回转体中心的定位尺寸和外圆半径，不必标注该方向的总体尺寸。

4. 尺寸清晰

为了便于看图和查找尺寸，尺寸标注必须整齐、清晰。要做到这一点，标注尺寸时应注意以下几点：

（1）各基本体的定形尺寸、定位尺寸要尽量集中标注在一个或两个视图上，如图3—16c中底板上两孔的定形尺寸、定位尺寸都集中标注在俯视图上。

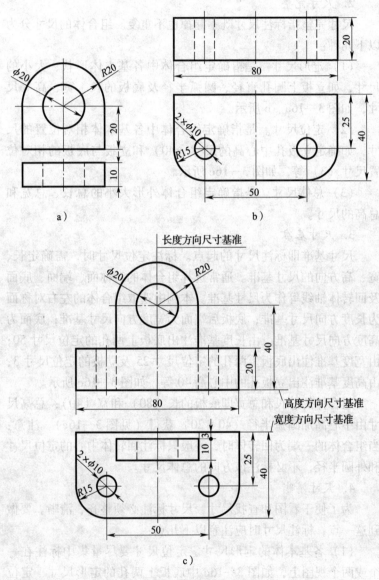

a)

b)

长度方向尺寸基准

高度方向尺寸基准
宽度方向尺寸基准

c)

图 3—16   组合体的尺寸标注

（2）尽量将尺寸注在视图外，小尺寸在内侧，大尺寸布置在外侧；与两视图有关的尺寸最好注在两视图之间。

（3）尺寸尽量标注在反映物体形状特征的视图上，并尽量避免在虚线上标注尺寸。

模块四　识读组合体视图的方法与步骤

一、看图是画图的逆过程

画图，是运用正投影法将物体画成几个视图来表达物体形状的过程；读图，是根据几个视图想象物体空间形状的过程，即由第二单元模块二的图 2—6d 逐次返回原始的空间投影状态图 2—6a，也即由图 2—5b 开始经由三视图向空中返投射线：将主视图向前拉出，将左视图向左拉出，将俯视图向上拉起，投射线在空中交汇再造一个空间物体（见图 2—5a）。

二、视图中线条和线框的含义

1. 一个线框表示物体的一个表面（平面或曲面），如图 3—17a 所示主视图中的 a'、b'、c' 和 d' 四个线框，按投影规律可知，它们分别表示平面立体的三个侧面 A、B、C 和圆柱面 D 的投影，如图 3—17b 所示。

2. 相邻两线框则表示位置不同的两个表面（相交或同向错位），如图 3—17a 所示，主视图中的 b'、a'、c' 三个相邻线框分别表示平面立体的三个相交的表面 B、A、C，如图 3—17b 所示。

3. 一个线条表示平面立体的一条棱线、回转体的一条素线或一个面的积聚性投影，如图 3—17a 所示主视图中的线条 $1'$ 是圆柱上表面的投影，线条 $2'$ 和 $3'$ 分别是圆柱面最左素线和平面立体的一条侧棱的投影，如图 3—17b 所示。

4. 大线框套小线框，则表示在大的立体（平面立体或曲面立体）中凸起或凹下的小的立体（平面立体或曲面立体）。如图

3—17a 所示，在俯视图的八边形内有一个圆，对照主视图可知在棱柱上凸起一个圆柱体（见图 3—17b）；若在主视图（见图 3—18a）中投影为虚线，则表示在平面立体中挖掉一个圆柱体，如图 3—18b 所示。

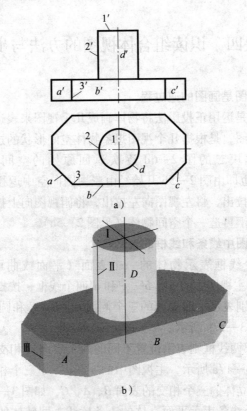

a)

b)

图 3—17　视图中线条和线框的含义（一）

三、读图的方法与步骤

1. 形体分析法

从反映物体形状特征的视图入手，将视图分成若干个线框，再按投影规律找出每一线框在其他视图上的投影，然后根据基本体的投影特征确定每一部分的形状，最后根据视图确定各基本体的相对位置及表面连接关系，进而想象出整个物体的空间形状。

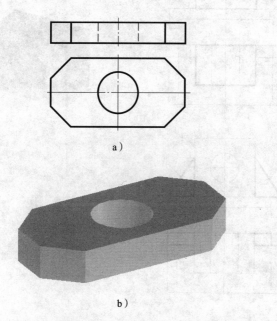

a）

b）

图3—18　视图中线条和线框的含义（二）

下面以图3—19a为例，说明形体分析法的读图步骤：

（1）抓住特征部分。将图形分为四个部分，如图3—19a所示。

（2）对照投影想形状。由主视图入手找出每一线框的其他两面投影，进而想象出各组成部分的空间形状，如图3—19a、b、c所示。

（3）综合起来想整体。将各基本体按其相对位置及连接关系组合在一起，即为该物体的整体形状，如图3—19d所示。

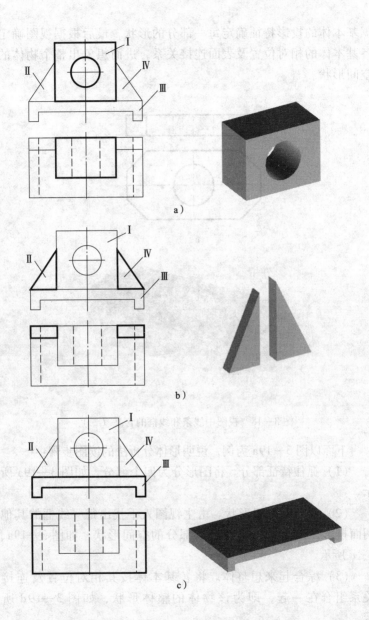

a)

b)

c)

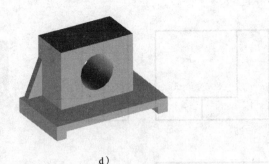

d)

图 3—19　运用形体分析法读组合体视图

2．线面分析法

根据各种位置直线和平面的投影特性，对视图中的线条和线框逐一进行投影分析，弄清它们的空间位置及平面形状的过程，称为线面分析法。

对于用形体分析法难以看懂的复杂结构（尤其是切割体），可采用此法作为读图的辅助手段。

下面以图 3—20a 为例说明线面分析法的读图步骤：

（1）用形体分析法看主体。根据三视图可以想象该物体原来是长方体，如图 3—20b 所示。

（2）分线框定位置。从线框 2′ 找出对应投影 2 和 2″，可知 Ⅱ 面是形状为矩形的正平面；同理，Ⅲ 面是形状为梯形的水平面；再从斜线 1 入手，其 V 面、W 面投影均为 "L" 形，可知 Ⅰ 面为铅垂面，形状为 "L" 形。

（3）综合起来想整体。通过以上分析，可知该物体是由长方体经过 Ⅰ、Ⅱ、Ⅲ 切割面切割后形成的立体，如图 3—20c 所示。

四、看图举例

为了更好地培养空间想象力和识图能力，在读图练习中常根据两视图补画第三视图及补画视图中所缺图线。

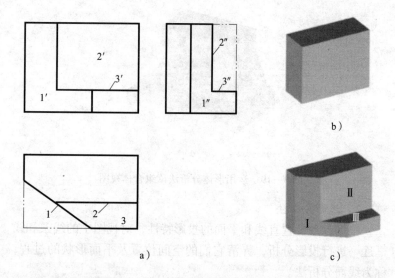

图 3—20　运用线面分析法读组合体视图

【例 3—5】　如图 3—21a 所示，已知物体的主、俯视图，补画左视图。

通过已知的两视图，按前述的看图方法想象出物体的空间形状（见图 3—21b），再逐一画出各组成部分的左视图，并注意其相对位置及表面连接关系，如图 3—21c 所示。

【例 3—6】　补画如图 3—22a 所示三视图中所缺的图线。

根据三视图先按形体分析法想象出物体的主体结构，再从反映形状特征的视图入手，按线面分析法构思出物体的局部结构，进而构建出物体全部结构及形状，如图 3—22b 所示，在此基础上补画视图中所缺的图线，最后再由结论反推回已知，检验答案是否正确或是否唯一，如图 3—22c 所示。

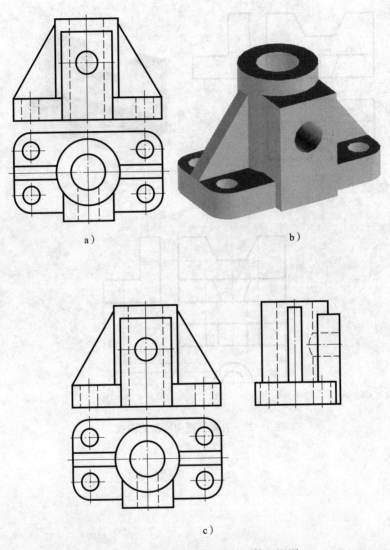

a)

b)

c)

图 3—21　由已知两视图补画第三视图

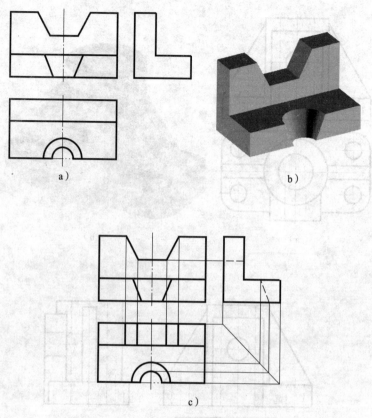

图 3—22　补画视图中所缺的图线

练习题

一、补画下列组合体视图中的表面交线。

1.   2.

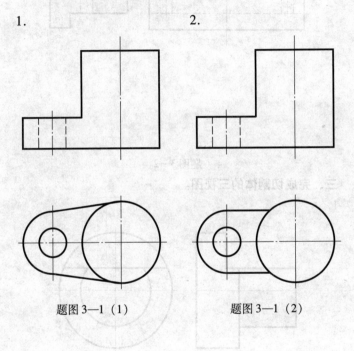

题图 3—1（1）   题图 3—1（2）

二、已知两视图，补画第三视图。

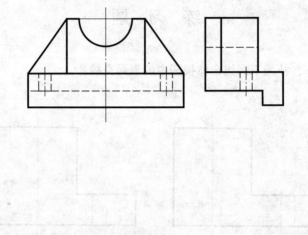

题图 3—2

三、完成切割体的三视图。

1.

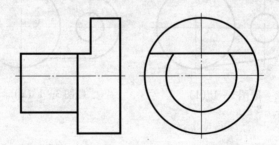

题图 3—3（1）

2.

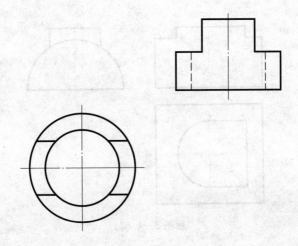

题图 3—3（2）

四、完成相贯线的投影

1.

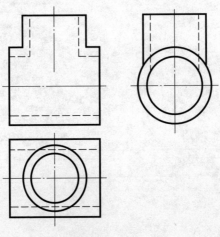

题图 3—4（1）

2.

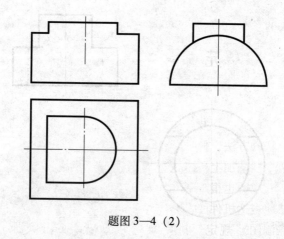

题图 3—4（2）

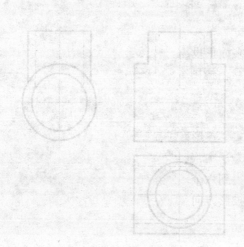

第四单元　机件常用的表达方法

　　机械零件、部件及机器统称为机件。前面学习了用三视图表达机件形状的方法，但生产实际中，有些机件的结构比较简单，只用一两个视图加上尺寸就可以表达清楚，而有些复杂的机件，即使画了三视图也很难将其内外结构表达清楚。为了能完整、清晰又简洁地表达机件的内、外结构形状，国家标准《技术制图》和《机械制图》规定了机件常用的表达方法，主要包括视图、剖视图、断面图、局部放大图、简化画法等内容。

模块一　视　　图

　　物体的多面正投影图，称为视图。视图主要用于表达机件的外部结构形状。视图分为基本视图、向视图、局部视图和斜视图。

一、基本视图

　　物体向基本投影面投射所得的视图，称为基本视图。将物体放入长方体盒子中，如图4—1a所示，将其向六个内表面分别作正投影，便得到六个基本视图，这六个内表面称为基本投影面。基本视图的投影方向及名称见表4—1。

表4—1　　　　　　　基本视图的投影方向及名称

投影方向	由前向后	由上向下	由左向右	由右向左	由下向上	由后向前
视图名称	主视图	俯视图	左视图	右视图	仰视图	后视图

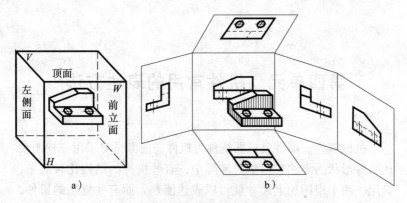

图4—1 六个基本投影面、六个基本视图形成及展开

六个基本视图按如图 4—1b 所示的方法展开后的配置如图 4—2 所示，六个基本视图按此配置时不需要标注视图名称。

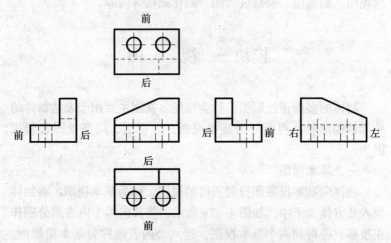

图4—2 六个基本视图的配置和方位关系

如图 4—2 所示，六个基本视图之间仍符合"长对正、高平齐、宽相等"的投影关系。除后视图外，其余在主视图周围的四个视图（俯、左、仰、右）远离主视图的一侧均表示物体的

前方。由于后视图是旋转 180°后展开的，因此图形的左侧实际是物体的右方。

二、向视图

向视图是可以移位配置的基本视图。当视图间不能按基本视图的配置关系进行配置时，可采用向视图。

向视图必须标注，即在视图上方标注视图名称 "X"（"X" 为大写拉丁字母），在相应的视图附近用箭头指明投射方向，并注上相同的字母，如图 4—3 所示。

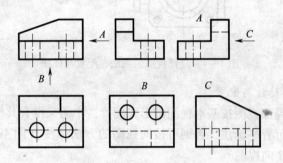

图 4—3　向视图及其标注

三、局部视图

将物体的某一部分向基本投影面投射所得的视图称为局部视图。

如图 4—4 所示的机件，在主、俯视图中其主体结构（即上部的方形法兰、下部的空心圆筒、连接左右法兰的两个圆筒等结构形状）已基本表达清楚，只有左、右两个法兰的形状没有表达清楚，为避免重复，左、右两视图均采用局部视图，这样既简练又突出重点。

1. 画法

局部视图的断裂边界用波浪线或双折线表示，如图 4—4 所示的 A 向局部视图。当局部视图的外形轮廓呈封闭状态时，波浪线可省略不画，如图 4—4 所示的 B 向局部视图。

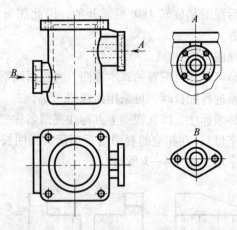

图4—4 局部视图的画法、配置与标注

2. 标注与配置

当局部视图按基本视图的形式配置，中间又没有其他图形隔开时，可省略标注；否则可按向视图的方法标注（图4—4中的 A 向和 B 向视图）。

四、斜视图

将机件的倾斜部分向不平行于任何基本投影面的平面投射所得的视图称为斜视图。

为了表达机件上倾斜部分的实形，可设立一个新的辅助投影面，使它与机件上的倾斜部分平行且垂直于某一基本投影面，然后将机件的倾斜部分向该投影面投射，再将该辅助投影面旋转到与它垂直的投影面重合的位置，即得到反映该部分实形的斜视图，如图4—5所示。

1. 画法

斜视图只画机件的倾斜部分，因此其断裂边界用波浪线或双折线表示。

2. 标注与配置

斜视图一般按向视图配置并标注。根据个人的绘图习惯，允许将斜视图旋转配置，此时要在斜视图上方画上带箭头的半圆弧（半径为字体高），箭头表示图形的旋转方向，字母注写在箭头端（见图4—5）。

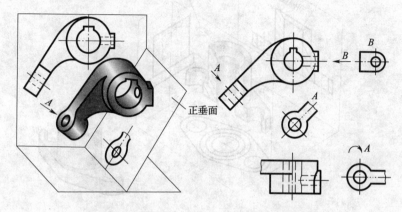

图4—5　斜视图的形成、画法、配置与标注

模块二　剖　视　图

在视图中，由于机件的内部结构不可见，因此其轮廓线画成虚线，当机件内部结构比较复杂时，虚线和实线容易出现交错和重叠现象，这样就不便于看图和标注尺寸，为了能清晰地表达机件内部结构，国家标准规定了剖视图的画法。

一、剖视图的概念、画剖视图的步骤及注意事项

1．剖视图的概念

假想用剖切面剖开机件，将处于观察者和剖切面之间的部分移去，将其余部分向投影面投射所得的图形，称为剖视图（见图4—6）。

比较图4—7的 a 图和 b 图可以看出，由于 b 图中的主视图采用了剖视，因此内部结构显得更清晰并有层次感。

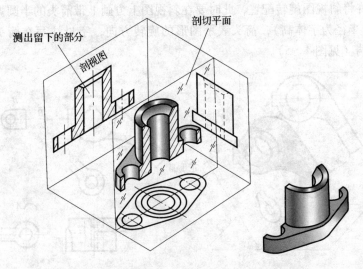

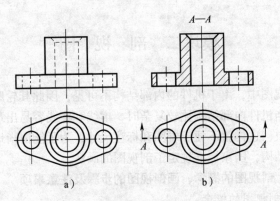

图 4—6　剖视图的形成

图 4—7　视图与剖视图的比较

2．画剖视图的步骤

（1）画机件的若干个视图。

（2）确定剖切面的位置（一般沿机件的对称面或孔的轴线
剖开机件）。

（3）去掉原视图中多余的可见轮廓线，将剖切面后的可见结构的虚线改为实线。

（4）在剖切面与机件的接触部分（即剖面区域）上画剖面符号。不同材料的剖面符号见表4—2。

表4—2　　　　　　　　　　材料的剖面符号

材料名称	剖面符号	材料名称	剖面符号
金属材料	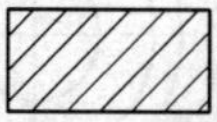	木材纵剖面	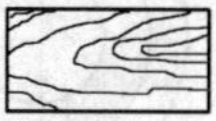
非金属材料		木材横剖面	
型砂、填砂、粉末冶金、砂轮、陶瓷刀片、硬质合金刀片等	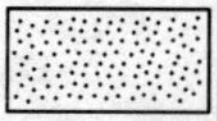	玻璃及供观察用的其他透明材料	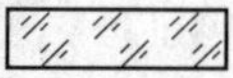
钢筋混凝土	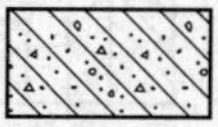	液体	

3. 画剖视图的注意事项

（1）当一个视图取剖视后，其他视图仍按完整机件画出，如图4—7b所示的俯视图。

（2）剖切面后面的可见轮廓线应该全部画出（见图4—8）。

（3）注意虚线的取舍

当一个视图取剖视后，在剖切面后面仍有部分结构不可见，此时为节省一个视图，可在该剖视图上添加少量虚线（见图4—9中的左视图）；当剖视图已将内部结构表达清楚时（加上标注的尺寸），其他视图中可省略虚线，如图4—9所示的俯视图。

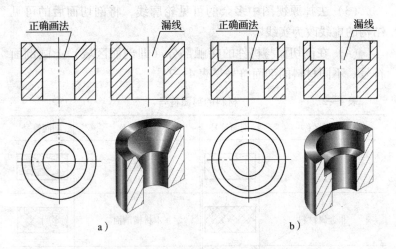

图4—8 画剖视图的注意事项（一）

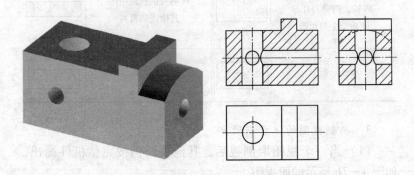

图4—9 画剖视图的注意事项（二）

（4）同一个零件在各剖视图中的剖面线方向和间隔应一致。

二、剖视图的种类

1. 全剖视图

用剖切面完全地剖开机件所得的剖视图，称为全剖视图。全剖视图一般适用于外形简单、内部结构较为复杂的机件，图4—7b 和图4—9 中的主视图均采用了全剖视图。

2. 半剖视图

当机件对称或基本对称时，可以以对称面为界，一半画成剖视图，另一半画成视图，这样得到的图形称为半剖视图，如图4—10所示。

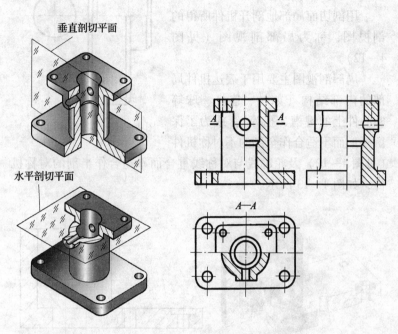

图4—10 半剖视图（一）

半剖视图主要用于表达内、外结构均比较复杂的对称机件，由于机件是对称的，因此以对称线为轴，将半个视图和半个剖视图分别向反方向翻转，这样既能得到全部外形又能得到完整的内部结构。当机件的结构接近对称，且不对称部分已在其他视图上表达清楚时，也可以画成半剖视图，如图4—11所示。

画半剖视图应注意的问题：

（1）半个视图与半个剖视图应以细点画线为界。

（2）已在半剖视图中表达清楚的内部结构，在视图的一侧省略细虚线。

3．局部剖视图

用剖切面局部地剖开机件所得的剖视图，称为局部剖视图（见图4—12）。

局部剖视图主要用于表达机件局部的内部结构（如轴、连杆、球等实心件上的键槽、孔等），或为了保留外形而不适合作全剖的不对称机件（见图4—12）及轮廓线与对称线重合而不适合作半剖的对称机件，如图4—13所示。

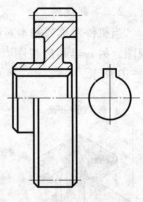

图4—11　半剖视图（二）

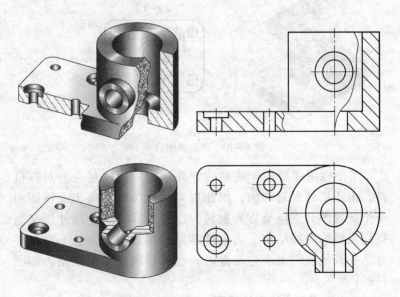

图4—12　局部剖视图（一）

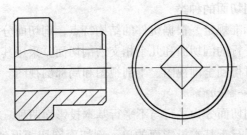

图 4—13　局部剖视图（二）

画局部剖视图应注意的问题是，波浪线用来表达机件的不规则断裂痕迹，因此波浪线：

（1）不要画在机件的中空处。

（2）不要超出轮廓线外。

（3）不要与轮廓线重合，也不要画在轮廓线的延长线上，如图 4—14 所示。

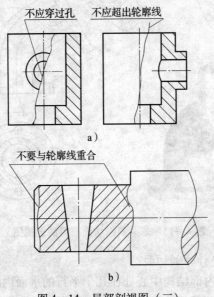

图 4—14　局部剖视图（三）

三、剖切面的种类

国家标准规定，根据机件的结构特点，剖切面分为单一剖切面、几个平行的剖切面和几个相交的剖切面。采用其中任何一种剖切面均可得到全剖视图、半剖视图和局部剖视图。

1. 单一剖切面

单一剖切面分为平行与不平行基本投影面两种。前述的剖视图均为用平行于基本投影面的单一剖切面剖切所得到的剖视图。用不平行于基本投影面的剖切面剖切而得到的剖视图用来表达机件倾斜部分的内部结构，如图4—15所示。

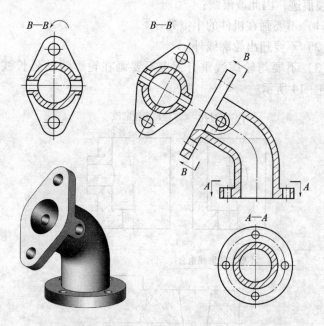

图4—15　单一斜剖切面获得的剖视图

2. 几个平行的剖切面

当机件的内部结构中心处在几个平行的平面内时，可采用几个平行的剖切面假想地将机件切开，如图4—16所示。

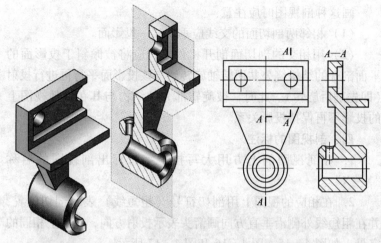

图 4—16　几个平行的剖切面获得的剖视图

画这种剖视图时应注意：

（1）剖视图中不应出现不完整要素（即要把孔完全剖开）。

（2）由于剖切是假想的，因此在剖切面转折处不应画出其交线。

3. 几个相交的剖切面

当机件的内部结构部分倾斜且倾斜结构与主体之间又有一个公共回转轴时，可采用一对相交的剖切平面剖开机件，如图4—17 所示。

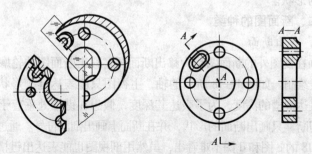

图 4—17　几个相交的剖切面获得的剖视图

画这种剖视图时应注意：

（1）相邻两剖切面的交线应垂直某一投影面。

（2）用相交的剖切面剖开机件时，应将被倾斜于投影面的平面剖开的结构绕公共回转轴旋转到与该投影面平行再进行投射（即先剖后旋转）。此时，被旋转部分的结构与其在其他视图上的投影不再保持投影关系。

四、剖视图的标注

1. 在剖视图的上方用大写拉丁字母标出剖视图的名称"X—X"。

2. 在相应的视图上用剖切符号（粗短线）表示剖切位置，并在粗短线外侧沿垂直方向画箭头表示投射方向，并注上相同的字母，如图4—15、图4—16和图4—17所示。

模块三　断面图和局部放大图

一、断面图的概念及应用

假想用剖切面将机件的某处切断，仅画出其断面的图形称为断面图（见图4—18）。

断面图主要用来表达轴上键槽及穿孔、肋板、轮辐、型材等断面的形状。

二、断面图的种类

1. 移出断面

画在视图外的断面图称为移出断面图。移出断面图的轮廓线用粗实线绘制。如图4—18所示的轴，主视图只能表达键槽形状，却无法表达键槽的深度，为了表达其深度，假想在键槽处垂直于轴线将轴切断，只画出断面的形状，并在断面上画出剖面符号。通过比较图4—18的c图和d图不难看出，虽然用剖视图也能表达出键槽的深度，但采用断面图表达的图形更清晰、简洁，同时也便于标注尺寸。

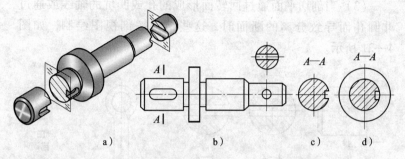

a)　　　　　　　　　b)　　　　　　c)　　d)

图4—18　断面图的形成及其与剖视图的比较

画移出断面图的几种特例：

（1）当断面为对称图形，机件为细长机件时，移出断面可画在视图的中断处，如图4—19所示。

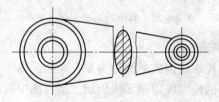

图4—19　移出断面图示例（一）

（2）由两个或多个相交的剖切平面剖出的断面中间应断开，如图4—20所示。

图4—20　移出断面图示例（二）

（3）当剖切平面通过回转面形成的孔或凹坑的轴线或通过非圆孔而导致分离的断面时，这些结构按剖视图绘制，如图4—21所示。

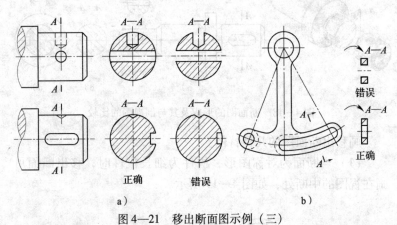

图4—21　移出断面图示例（三）

2．重合断面

画在视图轮廓线内的断面称为重合断面，如图4—22所示。

重合断面的轮廓线用细实线绘制。当视图中的轮廓线与重合断面的轮廓线重叠时，视图中的轮廓线仍要连续画出，不可间断，如图4—22b所示。

三、断面图的配置与标注

移出断面图通常配置在剖切符号或剖切线（细点画线）的延长线上（见图4—18），也可按投影关系配置（见图4—21），或配置在其他位置（见图4—23）。

断面图一般应进行标注，标注方法同剖视图（省略及部分省略标注的情形从略），如图4—23所示。

四、局部放大图

机件上有些细小结构，在视图上常常无法表达清楚，也不便于看图和标注尺寸。将这些细小结构，采用大于原图的比例单独画出，所得到的图形称为局部放大图，如图4—24所示。

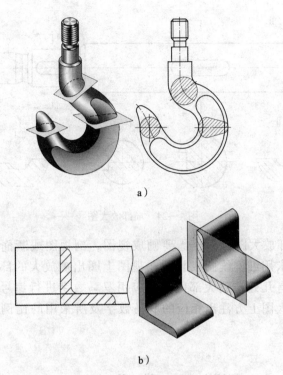

a)

b)

图 4—22 重合断面图

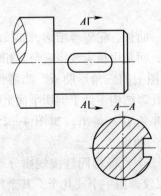

图 4—23 断面图的配置与标注

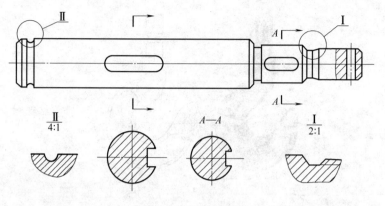

图 4—24　局部放大图

　　局部放大图可根据需要画成视图，剖视图或断面图的形式，要求用细实线圆或长圆在视图上圈出被放大的部位。当图样中有几处被放大部位时，应用罗马数字进行编号，并在局部放大图上方注出相应的罗马数字及所采用的比例（见图4—24）。

模块四　简 化 画 法

　　零件上的薄壁、肋板、轮辐等结构，如按纵向剖切，这些结构都不画剖面符号，而是用粗实线将它与其相邻部分分开，如图4—25a所示的主视图上的三角形肋板。当零件回转体上均匀分布的肋板、轮辐、孔等结构不处于剖切平面上时，可将这些结构假想地旋转到剖切平面上画出，如图4—25a所示的孔及图4—25b所示的左边的肋板。

　　机件上若有若干个直径相同且按规律分布的孔（圆孔、螺孔、沉孔等），可以仅画出一个或几个，其余用细点画线（或细实线）表示出中心位置，如图4—26所示。

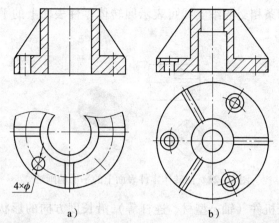

图 4—25 零件回转体上的肋板、轮辐、孔等结构的简化画法

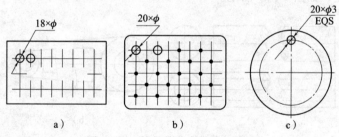

图 4—26 按规律分布的孔的画法

对称零件在不致引起误解的情况下，机件的视图可只画 1/2 或 1/4，并在对称中心线两端沿垂直方向画出两条平行细实线，如图 4—27 所示。

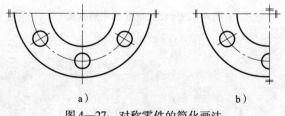

图 4—27 对称零件的简化画法

用两条相交的细实线可表示回转体零件表面上的平面（见图 4—28）。

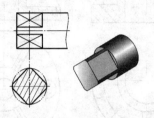

图 4—28　回转体零件表面上的平面的画法

较长机件（轴、型材、连杆等）沿长度方向的形状一致或按一定规律变化时，可断开后缩短绘制，但图中必须标注其实际长度，如图 4—29 所示。

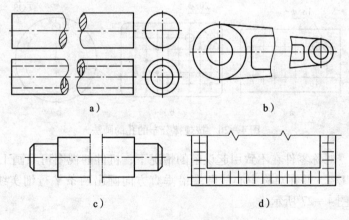

图 4—29　较长机件的缩短画法

练 习 题

一、将主视图画成全剖视图。

二、用几个平行的剖切平面将主视图画成恰当的全剖视
图。

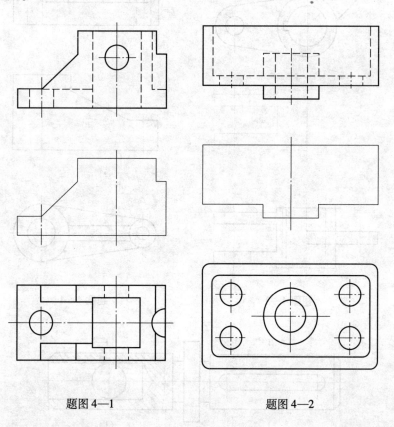

題图 4—1   題图 4—2

三、用两个相交的剖切平面将主视图画成全剖视图。

四、按规定画法将主视图画成全剖视图。

五、在适当位置作移出断面图（左侧轴段单面键槽深 **4 mm**，右侧轴段前后为通孔）。

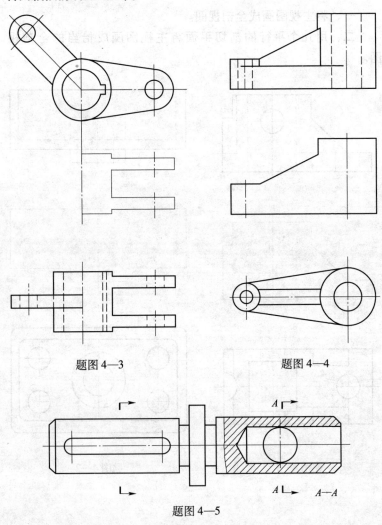

题图 4—3

题图 4—4

题图 4—5

第五单元　标准件和常用件

在机械设备中，有些零、部件的应用极为广泛，如螺栓、螺母、垫圈、键、销、滚动轴承等，国家标准对它们的结构形状、尺寸、技术要求等已经标准化，称其为标准件。此外，对齿轮、弹簧等零件的部分结构参数，也实行了标准化，实现了专业化大批量生产，称其为常用件。

在加工标准件和常用件时，一般均要使用专用机床和标准工具加工，在绘图时，不必画出这些标准结构的真实投影，而要根据国家标准的规定画法表示这些结构并标注代号、标记等，表示这些结构要素的规格和精度要求。

本单元主要介绍标准件和常用件的规定画法和标注方法。

模块一　螺纹及螺纹紧固件

一、螺纹的形成

螺纹是根据螺旋线原理加工而成的。在圆柱或圆锥外表面上加工的螺纹称为外螺纹，在圆柱或圆锥内表面上加工的螺纹称为内螺纹。螺纹的加工方法有多种，如图5—1所示分别表示在车床上加工圆柱外螺纹和内螺纹的情形，圆柱形工件绕轴线作等速旋转运动，刀具与工件接触作等速的轴向移动，刀尖的运动轨迹即为螺旋线。如图5—2所示为手工加工小直径内螺纹的情形。

加工外螺纹

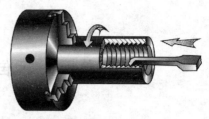
加工内螺纹

图5—1　在车床上加工螺纹

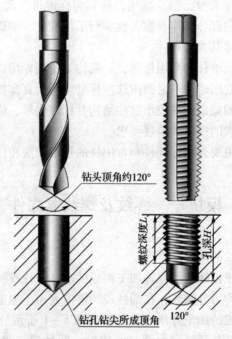

钻头顶角约120°

钻孔钻尖所成顶角

120°

螺纹深度L

孔深H

图5—2　手工加工小直径内螺纹

二、螺纹的结构要素

螺纹的结构要素有牙型、直径、线数、导程和螺距及旋向。当内、外螺纹旋合时，上述五个要素必须相同。

1. 牙型

在通过螺纹轴线的剖面上螺纹的轮廓形状称为牙型，常见的牙型有三角形、梯形、锯齿形和矩形，如图 5—3 所示。

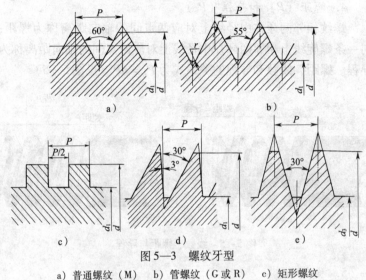

图 5—3　螺纹牙型

a）普通螺纹（M）　　b）管螺纹（G 或 R）　　c）矩形螺纹

d）锯齿形螺纹（B）　　e）梯形螺纹（Tr）

2. 直径

螺纹直径有大径、中径和小径之分（见图 5—4），外螺纹大径和内螺纹小径称为顶径，螺纹的公称直径为大径。

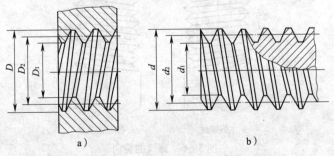

图 5—4　内螺纹和外螺纹直径

3. 线数（n）

沿一条螺旋线形成的螺纹称为单线螺纹（$n=1$）；沿两条或两条以上螺旋线形成的螺纹（$n \geqslant 2$）称为双线或多线螺纹。

4. 螺距（P）和导程（P_{h}）

螺纹相邻两牙在中径线上对应两点间的轴向距离称为螺距；同一条螺旋线上相邻两牙在中径线上对应两点间的轴向距离称为导程。螺距、线数和导程的关系式为 $P_{\mathrm{h}} = nP$（见图5—5）。

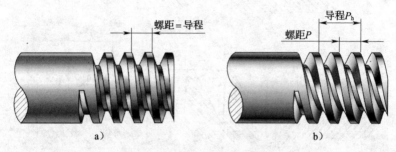

图5—5 线数、螺距与导程

5. 旋向

螺纹有左旋和右旋之分。顺时针旋转时旋入的螺纹称为右旋，反之为左旋，如图5—6所示。标记时，右旋不标注，左旋标注"LH"。

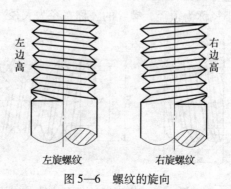

图5—6 螺纹的旋向

三、螺纹的规定画法

1. 外螺纹的规定画法（见图5—7）

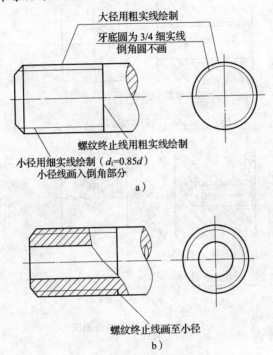

大径用粗实线绘制

牙底圆为 3/4 细实线
倒角圆不画

螺纹终止线用粗实线绘制

小径用细实线绘制（$d_1 = 0.85d$）
小径线画入倒角部分

a）

螺纹终止线画至小径

b）

图 5—7　外螺纹的规定画法

2. 内螺纹的规定画法（见图5—8）

提示：
　　内螺纹不取剖视图时，大径和小径均为虚线。

3. 螺纹连接的画法（见图5—9）

（1）在剖视图中，内、外螺纹的旋合部分按外螺纹的画法绘制，未旋合部分按各自的画法绘制。

（2）表示大、小径的粗实线与细实线应分别对齐。

（3）剖面线应画至粗实线处。

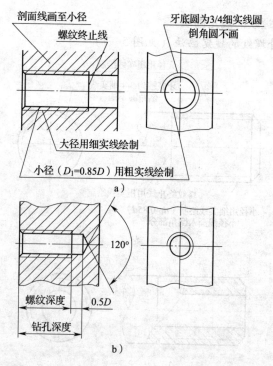

图 5—8 内螺纹的剖视画法

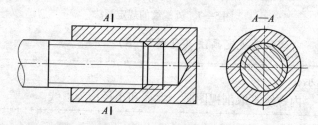

图 5—9 螺纹连接的画法

四、螺纹的标记与标注

在螺纹的规定画法中，无法表示出螺纹的结构要素，因此在图样中必须对螺纹进行标记。

1. 普通螺纹、梯形螺纹及锯齿形螺纹的标记形式

它们的标注形成基本相同，其内容和格式如下：

右旋不标注，左旋需标注 LH；粗牙普通螺纹不标注螺距，细牙普通螺纹需标注螺距；标注公差带代号时内螺纹为大写字母，外螺纹为小写字母。中径和顶径公差带代号相同时，只注写一个公差带代号；中旋合长度代号为 N，可省略不注，长旋合长度代号为 L，短旋合长度代号为 S。

例：

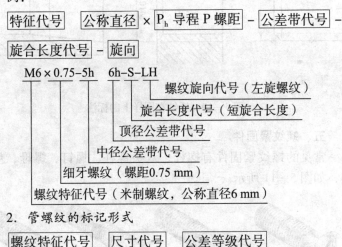

2. 管螺纹的标记形式

螺纹特征代号　尺寸代号　公差等级代号

例：

　　　G　1/2　A

　　　　　　　外螺纹（公差等级为A级）

　　　　　尺寸代号

　　　非螺纹密封的管螺纹

提示：
外螺纹公差等级有 A、B 两级，内螺纹公差等级仅有一种，不作标注。

3. 螺纹在图样上的标注

普通螺纹、梯形螺纹及锯齿形螺纹的标记直接标注在尺寸线上；管螺纹的标记标注在指引线上，引出线的一端由大径线引出（不要与剖面线平行），如图5—10所示。

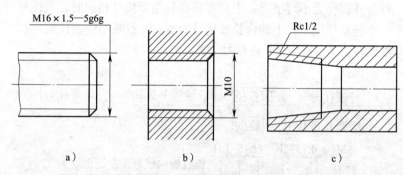

图5—10　螺纹在图样上的标注

五、螺纹紧固件

常见的螺纹紧固件有螺栓、双头螺柱、螺钉、螺母、垫圈等，如图5—11所示。

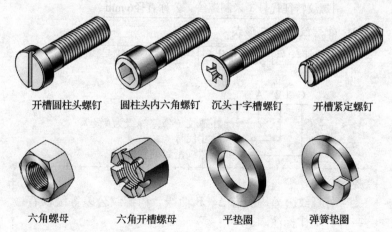

开槽圆柱头螺钉　　圆柱头内六角螺钉　　沉头十字槽螺钉　　开槽紧定螺钉

六角螺母　　　　六角开槽螺母　　　　平垫圈　　　　　弹簧垫圈

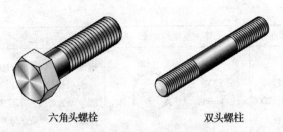

六角头螺栓　　　　　　　　　双头螺柱

图 5—11　常见的螺纹紧固件

1. 常见的螺纹紧固件的标记（见表 5—1）

表 5—1　　　　　　　　螺纹紧固件的标记示例

名称及标准号	图例及规格尺寸	标记示例
六角头螺栓 GB/T 5782—2000		螺栓　GB/T 5782　M10×50 　　表示螺纹规格 d = M10，公称长度 l = 50 mm、性能等级为8.8级、表面氧化、杆身半螺纹、A 级的六角头螺栓
双头螺柱 GB/T 897—1988 （$b_m = 1d$）		螺柱　GB/T 897　M10×50 　　表示两端均为粗牙普通螺纹，螺纹规格 d = M10、公称长度 l = 50 mm、性能等级为4.8级、不经表面处理、B 型、$b_m = 1d$ 的双头螺柱
十字槽沉头螺钉 GB/T 819.1—2000		螺钉　GB/T 819.1　M10×50 　　表示螺纹规格 d = M10、公称长度 l = 50 mm、性能等级为4.8级、不经表面处理的 H 型十字槽沉头螺钉

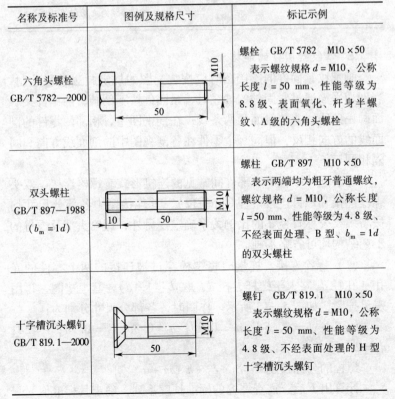

名称及标准号	图例及规格尺寸	标记示例
I 型六角螺母 GB/T 6170—2000	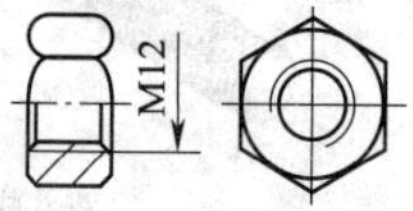 M12	螺母　GB/T 6170　M12 　表示螺纹规格 D = M12、性能等级为 8 级、不经表面处理、A 级的 I 型六角螺母
平垫圈 A 级 GB/T 97.1—2002	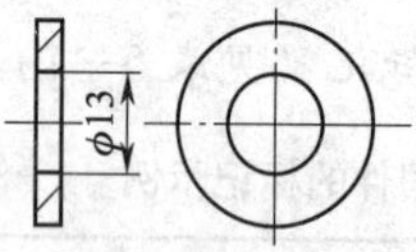 $\phi13$	垫圈　GB/T 97.1　12 　表示标准系列、公称规格为12 mm、由钢制造的硬度等级为 200HV 级、不经表面处理、产品等级为 A 级的平垫圈

2. 螺纹紧固件的连接画法

画螺纹紧固件的连接图时应按装配图的规定画法进行绘制：当剖切平面通过紧固件的轴线时，紧固件按不剖画；两零件接触面画一条线，非接触面画两条线；在剖视图中，相邻两零件的剖面线的方向相反，但同一个零件在各剖视图中的剖面线方向和间隔相同。

在装配体中，零、部件间常见的连接形式有螺栓连接、双头螺柱连接和螺钉连接（见图 5—12），其连接图中各部分尺寸均按与螺纹公称直径 d 的比例关系确定。另外，螺栓头部及螺母的工艺结构均可省略不画。

（1）螺栓连接。连接时将螺栓穿过被连接的两个零件的光孔（孔径 d_0 略大于螺杆大径 d，取 $d_0 = 1.1d$），套上垫圈，再用螺母拧紧，如图 5—13 所示。作图时，各部分尺寸分别为：

$b = 2d$；$h = 0.15d$；$m = 0.8d$；$a = 0.3d$；$k = 0.7d$；$e = 2d$；$d_2 = 2.2d$

螺栓的公称长度 $L \geq \delta_1 + \delta_2 + h + m + a$。

计算出 L 后，需查螺栓的标准长度系列，确定其标准值。

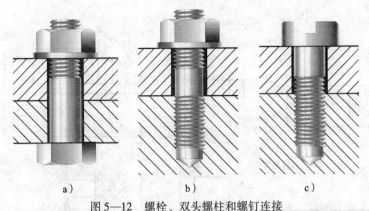

图5—12 螺栓、双头螺柱和螺钉连接

a）螺栓连接 b）双头螺柱连接 c）螺钉连接

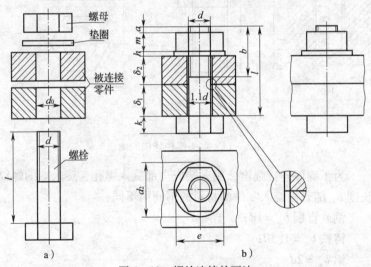

图5—13 螺栓连接的画法

（2）双头螺柱连接。当被连接的两个零件之一较厚，不适宜加工成通孔时，可采用双头螺柱连接。装配时，将螺柱的一端（称旋入端）全部旋入螺孔内，在另一端（称紧固端）套上带有通孔的零件，加上垫圈，拧紧螺母，即完成了双头螺柱连接，如图5—14所示。

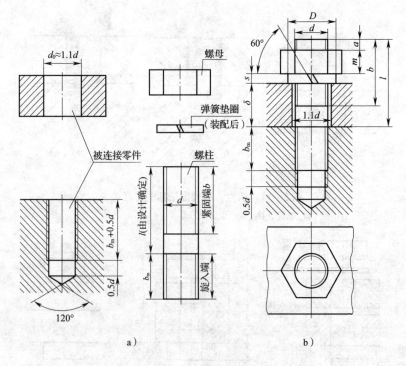

图 5—14　双头螺柱连接的画法

为了确保连接强度，旋入端应全部旋入螺孔，旋入端的螺纹长度 b_m 随着被旋入零件的材料的不同而不同：

钢或青铜 $b_m = 1d$；

铸铁 $b_m = 1.5d$；

铝 $b_m = 2d$。

（3）螺钉连接。螺钉连接按用途可分为连接螺钉和紧定螺钉两种。

1）连接螺钉。装配时将螺钉直接穿过一个被连接零件上的通孔，再旋入另一个被连接零件的螺孔中，靠螺钉头部压紧被连接件来实现两零件的连接，如图 5—15 所示。

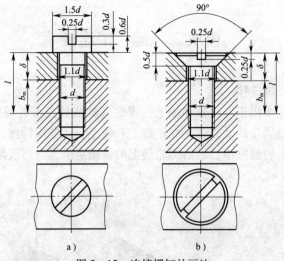

a)   b)

图 5—15   连接螺钉的画法

2) 紧定螺钉。紧定螺钉用于两零件间的轴向定位，先在轴和轮毂上制出锥坑和螺孔，再用一个锥端开槽的紧定螺钉旋入轮毂的螺孔，使螺钉端部的锥顶与锥坑压紧，从而固定轴上的零件，如图 5—16 所示。

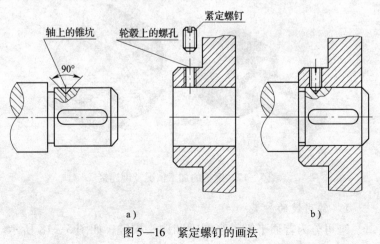

a)   b)

图 5—16   紧定螺钉的画法

模块二　键、销连接

一、键连接

键主要用于连接轴和轴上的零件（如齿轮、带轮等），以使它们与轴同步转动。首先在轮毂上和轴上分别制出键槽，再把键放入轴上的键槽中，最后将轮毂上的键槽对准键进行装配，如图5—17所示。

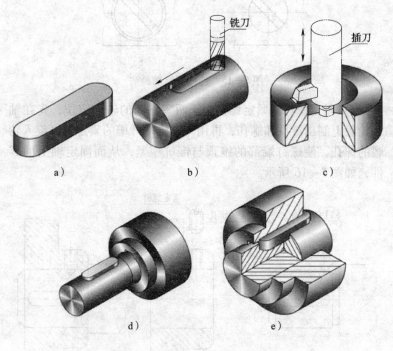

图5—17　键槽的加工情况及键连接

1．常用键的种类

键可分为普通平键、半圆键和钩头楔键，如图5—18所示。

普通平键又分为 A 型（圆头）、B 型（平头）和 C 型（半圆头）三种形式。

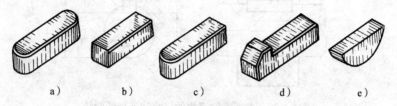

图 5—18 常用键的种类

a）A 型普通平键 b）B 型普通平键 c）C 型普通平键

d）钩头楔键 e）半圆键

A 型普通平键的形式如图 5—19 所示。

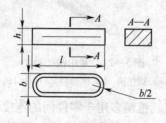

图 5—19 A 型普通平键的形式

键 GB/T 1096—2003 $16 \times 10 \times 100$ 表示 $b = 16$ mm，$h = 10$ mm，$l = 100$ mm 的 A 型普通平键。

2. 普通平键键槽的尺寸和连接的画法（见图 5—20）

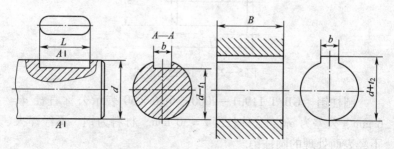

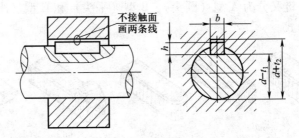

图 5—20 普通平键键槽的尺寸和连接的画法

二、销连接

常用的销有圆柱销、圆锥销和开口销（见图 5—21）。

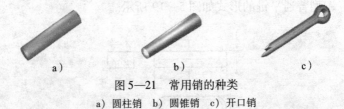

图 5—21 常用销的种类

a）圆柱销 b）圆锥销 c）开口销

其中圆柱销和圆锥销多用于零件间的连接和传递动力，也可用于零件间的定位，开口销与开槽螺母配合用于防止螺母的松动。

圆柱销的形式如图 5—22 所示。

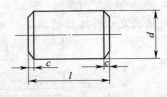

图 5—22 圆柱销的形式

圆柱销 GB/T 119.1—2000 6m6 × 30 表示公称直径 d = 6 mm、公差为 m6、公称长度 l = 30 mm、材料为钢、不经淬火、不经表面处理的圆柱销。

圆柱销的连接画法，如图5—23所示。

图5—23　圆柱销的连接画法

模块三　齿轮和滚动轴承

一、齿轮

齿轮在机器或部件中被用来传递动力、改变转速及旋转方向。如图5—24所示，圆柱齿轮用于两平行轴之间的传动；锥齿轮用于两相交轴之间的传动；蜗轮和蜗杆用于两交叉轴之间的传动。圆柱齿轮分为直齿、斜齿和人字齿三种，如图5—25所示。

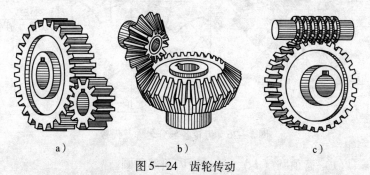

a）　　　　　　　　　b）　　　　　　　　c）

图5—24　齿轮传动

a）圆柱齿轮　b）锥齿轮　c）蜗轮和蜗杆

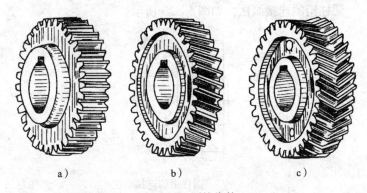

图 5—25　圆柱齿轮

a）直齿圆柱齿轮　b）斜齿圆柱齿轮　c）人字齿圆柱齿轮

下面主要介绍直齿圆柱齿轮的各部分名称、尺寸计算、基本参数及规定画法。

1. 直齿圆柱齿轮各部分名称及代号（见图 5—26）

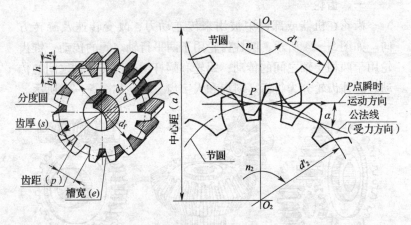

图 5—26　齿轮各部分名称及代号

（1）齿顶圆（d_a）。通过轮齿顶部的圆。

（2）齿根圆（d_f）。通过轮齿根部的圆。

（3）分度圆（d）。处于齿顶圆和齿根圆之间的假想圆，在该圆上齿厚（s）和槽宽（e）相等。

（4）齿顶高（h_a）。齿顶圆与分度圆之间的径向距离。

（5）齿根高（h_f）。齿根圆与分度圆之间的径向距离。

（6）齿高（h）。齿顶圆与齿根圆之间的径向距离，即 $h = h_a + h_f$。

（7）齿距（p）。分度圆上相邻两齿同侧齿廓之间的弧长，即 $p = s + e$。

（8）中心距（a）。两啮合齿轮轴线间的距离。

2．直齿圆柱齿轮的基本参数

（1）齿数（z）。一个齿轮上的轮齿总数。

（2）模数（m）。由分度圆的周长 $= \pi d = pz$ 得：$d = pz/\pi$，令 $m = p/\pi$，则 $d = mz$，m 被称为模数，模数已被标准化（见表5—2）。

表5—2　　　　　　　　　　圆柱齿轮的标准模数

第一系列	1, 1.25, 1.5, 2, 2.5, 3, 4, 5, 6, 8, 10, 12, 16, 20, 25, 32, 40
第二系列	1.75, 2.25, 2.75, (3.25), 3.5, (3.75), 4.5, 5, (6.5), 7, 9, (11), 14, 18, 22

提示：
应优先选用第一系列，括号内的模数尽量不用。

（3）压力角（α）。如图5—26所示，在接触点 P 处，轮齿的受力方向与轮齿瞬时运动方向的夹角称为压力角，标准齿轮的压力角 $\alpha = 20°$。

3．直齿圆柱齿轮各部分尺寸计算

（1）分度圆直径：$d = mz$。

（2）齿顶圆直径：$d_a = m(z + 2)$。

（3）齿根圆直径：$d_f = m \ (z - 2.5)$。

（4）中心距：$a = m \ (z_1 + z_2) \ /2$。

（5）齿顶高：$h_a = m$。

（6）齿根高：$h_f = 1.25m$。

4. 圆柱齿轮的规定画法

（1）单个圆柱齿轮的规定画法。如图 5—27a 所示，在主、左两视图中，齿顶圆和齿顶线用粗实线绘制；分度圆和分度线用细点画线绘制；齿根圆和齿根线用细实线绘制（可省略不画）。若左视图取剖视，当剖切平面通过齿轮的轴线时，轮齿按不剖画，齿根线应画成粗实线（见图 5—27b）。

当齿轮为斜齿或人字齿，需要表示齿线的方向时，可用三条与齿线方向一致的细实线表示（见图 5—27c、d）。

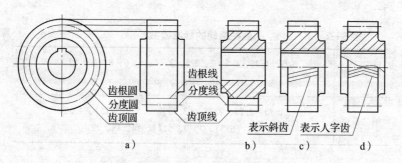

齿根圆
分度圆
齿顶圆
齿根线
分度线
齿顶线
表示斜齿 表示人字齿
a） b） c） d）

图 5—27 单个圆柱齿轮的规定画法

（2）两齿轮啮合的画法

1）在投影为圆的视图中，两分度圆（称为节圆）相切（用细点画线表示），齿顶圆为两个粗实线圆，但在啮合区内的齿顶圆可省略不画（见图 5—28）。

2）在通过轴线的剖视图中，将另一个被遮挡的轮齿的齿顶线画成细虚线（见图 5—28a）。

3）在外形图上，啮合区只画分度线（即节线），用粗实线绘制，其他部位的分度线仍为细点画线（见图 5—28b）。

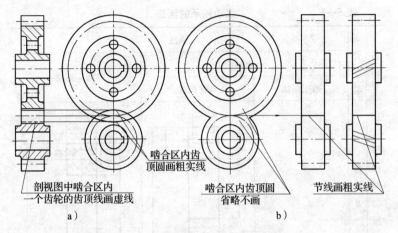

剖视图中啮合区内
一个齿轮的齿顶线画虚线

啮合区内齿
顶圆画粗实线

啮合区内齿顶圆
省略不画

节线画粗实线

a)

b)

图 5—28   两圆柱齿轮啮合的规定画法

二、滚动轴承

滚动轴承为标准部件，在机器中它是用来支承轴的。

1. 滚动轴承的结构及画法

滚动轴承一般由外圈、内圈、滚动体和保持架组成，如图 5—29 所示。

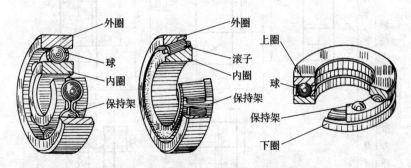

外圈

球

内圈

保持架

外圈

滚子

内圈

保持架

上圈

球

保持架

下圈

图 5—29   滚动轴承的结构与种类

滚动轴承的画法有通用画法、特征画法和规定画法，见表 5—3。

表 5—3 　　　　　　　　　　　滚动轴承的画法

名称	主要参数	画法		
		简化画法		规定画法
		通用画法	特征画法	
深沟球轴承	D d B		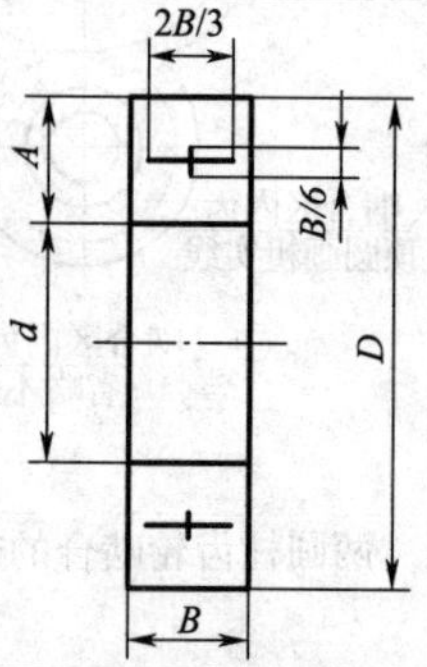	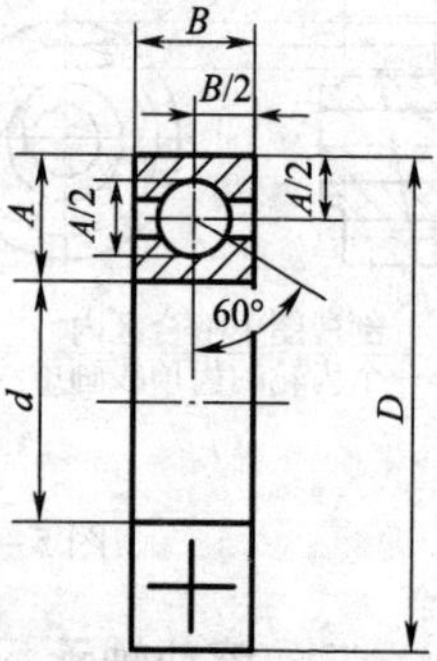
圆锥滚子轴承	D d B T C	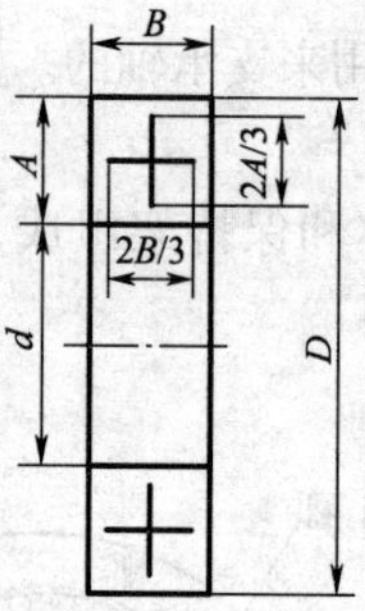	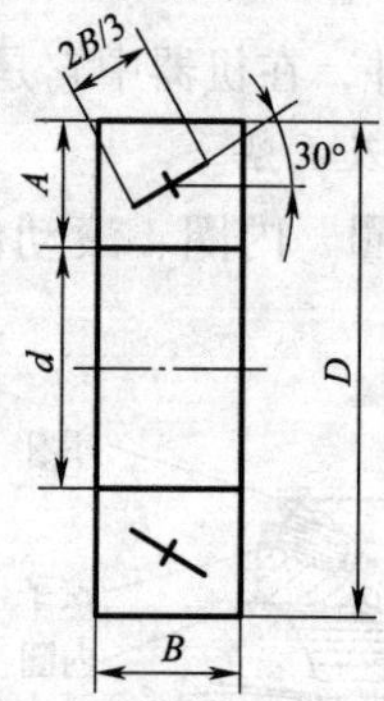	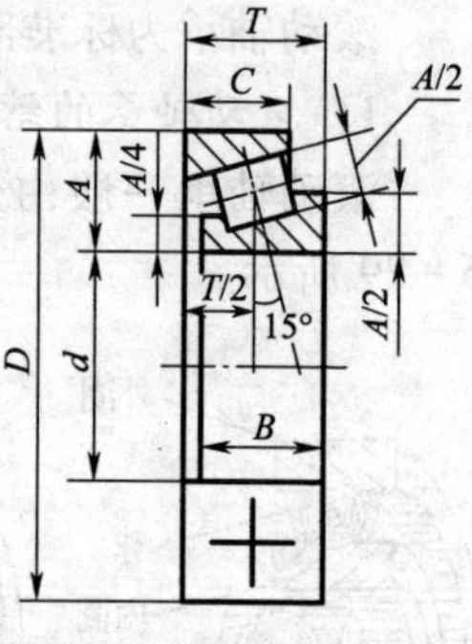
推力球轴承	D d T		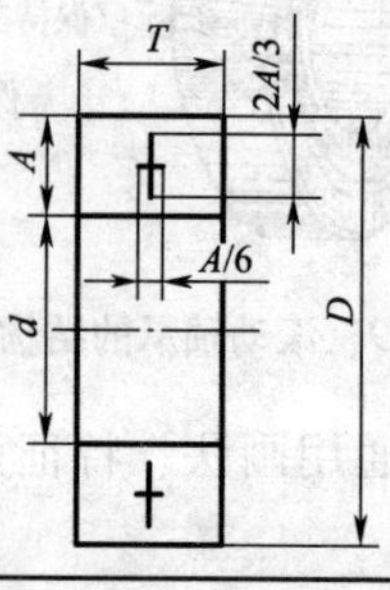	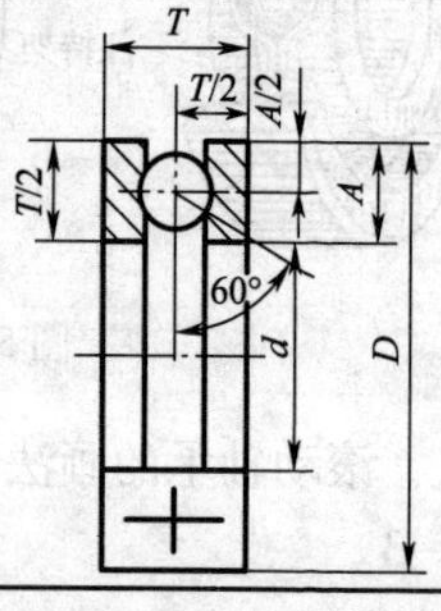

2. 滚动轴承的代号及标记

基本代号由轴承类型代号、尺寸系列代号和内径代号构成。

标记示例：滚动轴承　6309　GB/T 276—2013

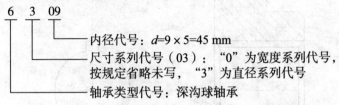

内径代号：$d=9 \times 5=45$ mm

尺寸系列代号（03）："0"为宽度系列代号，按规定省略未写，"3"为直径系列代号

轴承类型代号：深沟球轴承

练 习 题

一、分析螺纹画法中的错误，并在适当位置画出正确的图形。

1.

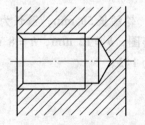

题图 5—1（1）

2.

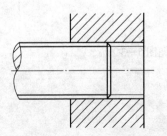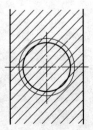

题图 5—1（2）

二、已知圆柱齿轮，$d_f = 87.5$ mm，$z = 20$，$\alpha = 20°$，试计算 m、d。用 1:2 的比例完成下图，并标注尺寸。

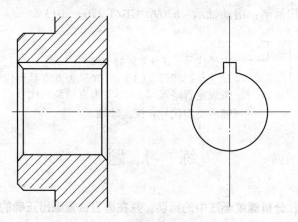

题图 5—2

三、已知轴径为 $\phi 40$ mm，轮毂长 50 mm，键长为 45 mm，用 A 型普通平键，完成键连接图，$b = 12$ mm，$h = 8$ mm，$t = 5.0$ mm，$t_1 = 3.3$ mm，比例为 1:2。

题图 5—3

第六单元　极限与配合

模块一　互换性与标准化

一、互换性

1. 互换性的含义

互换性是指在机械工业中，制成的同一规格的一批零件或部件中，任取其一，不需做任何挑选、调整或辅助加工（如钳工修配），就能进行装配，并能满足机械产品的使用性能要求的一种特性。

互换性是现代化机械工业生产中必不可少的重要技术措施。

2. 几何量误差、公差

零件的几何量误差是指零件在加工过程中，由于机床精度、计量器具精度、操作工人技术水平、生产环境等诸多因素的影响，其加工后得到的几何参数会不可避免地偏离设计时的理想要求而产生误差。

几何量误差主要包含尺寸误差、形状误差、位置误差、表面微观形状误差（表面粗糙度）等。

为了控制几何量误差，提出了公差的概念。

零件的几何量公差是指零件几何参数允许的变动量，它包括尺寸公差和几何公差等，如图 6—1 至图 6—4 所示。

二、《极限与配合》国家标准与标准化

《极限与配合》国家标准是一项涉及面广，影响大的重要标准，应用几乎涉及国民经济各个部门，尤其是机械工业。

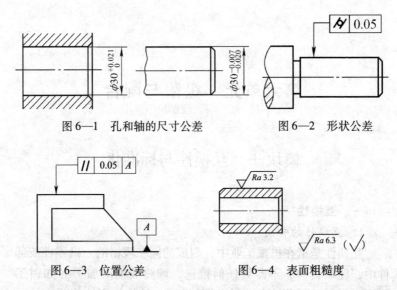

图6—1　孔和轴的尺寸公差　　　　图6—2　形状公差

图6—3　位置公差　　　　图6—4　表面粗糙度

貫彻《极限与配合》国家标准，利于产品、零部件之间的统一和互换配套，便于组织专业化协作生产；利于保证产品精度、使用性能、延长机器使用寿命等各项技术要求；利于机器的设计、制造、使用和维修，利于技术交流和技术引进。

模块二　尺　寸　公　差

一、孔和轴

孔通常指工件各种形状的内表面，包括圆柱形内表面和其他由单一尺寸形成的非圆柱形包容面。

轴通常指工件各种形状的外表面，包括圆柱形外表面和其他由单一尺寸形成的非圆柱形被包容面。

二、基本术语及其定义

1. 公称尺寸（D，d）

公称尺寸由设计给定，设计时可根据零件的使用要求，通过计算，试验或类比的方法，并经过标准化后确定。

注：孔的公称尺寸用"D"表示；轴的公称尺寸用"d"表示。

2. 极限尺寸

极限尺寸是允许尺寸变化的两个界限值。

允许的最大尺寸称为上极限尺寸；允许的最小尺寸称为下极限尺寸。

3. 实际尺寸（D_a，d_a）

实际尺寸是通过测量获得的尺寸。

由于存在加工误差，零件同一表面上不同位置的实际尺寸不一定相等。

4. 偏差

偏差是某一尺寸（如实际尺寸、极限尺寸等）减去其公称尺寸所得的代数差。

分类：

（1）极限偏差。极限尺寸减去其公称尺寸所得的代数差称为极限偏差。

上极限偏差是上极限尺寸减去其公称尺寸所得的代数差。

孔：$ES = D_{max} - D$

轴：$es = d_{max} - d$

下极限偏差是下极限尺寸减去其公称尺寸所得的代数差。

孔：$EI = D_{min} - D$

轴：$ei = d_{min} - d$

（2）实际偏差。实际尺寸减去其公称尺寸所得的代数差称为实际偏差。

合格零件的实际偏差应在规定的上、下极限偏差之间。

5. 公差

尺寸公差是允许尺寸的变动量，简称公差。

孔的公差　$T_h = \mid D_{max} - D_{min} \mid = \mid ES - EI \mid$

轴的公差　$T_s = |d_{max} - d_{min}| = |es - ei|$

标注：公称尺寸$^{上极限偏差}_{下极限偏差}$。

三、零线与尺寸公差带

公差与配合的图解，简称为公差带图。

1. 零线

在公差带图中，表示公称尺寸的一条直线称为零线。

2. 尺寸公差带

在公差带图中，由代表上极限偏差和下极限偏差或上极限尺寸和下极限尺寸的两条直线所限定的区域称为公差带，如图6—5所示的孔公差带和轴公差带。

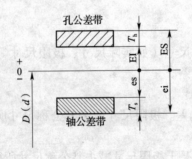

图6—5　公差带图

四、配合与基准制

1. 配合的术语及定义

（1）配合的定义。公称尺寸相同的，相互结合的孔和轴公差带之间的关系。

（2）间隙与过盈。孔的尺寸减去相配合的轴的尺寸若为正，则表示间隙，一般用 X 表示，其数值前应标"＋"号；若为负，则表示过盈，一般用 Y 表示，过盈数值前应标"－"号。

（3）配合的类型

1）间隙配合。具有间隙（包括最小间隙等于零）的配合称为间隙配合，公差带位置：孔的公差带在轴的公差带之上，如图

6—6 所示。

2）过盈配合。具有过盈（包括最小过盈等于零）的配合称为过盈配合，公差带位置：孔的公差带在轴的公差带之下，如图6—7 所示。

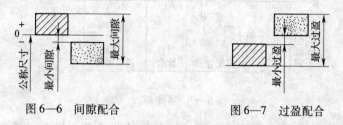

图6—6　间隙配合　　　　　图6—7　过盈配合

3）过渡配合。可能具有间隙或过盈的配合称为过渡配合，公差带位置：孔的公差带与轴的公差带相互交叠，如图6—8 所示。

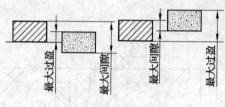

图6—8　过渡配合

2. 配合的基准制

孔、轴公差带位置只要固定一个，变更另一个，就能满足不同使用性能要求的配合，国家标准对孔、轴公差带之间的相互位置关系规定了两种基准制，即基孔制与基轴制。

（1）基孔制。基本偏差为一定的孔的公差带，与不同基本偏差的轴的公差带形成各种配合的一种制度，如图6—9 所示。

基孔制配合中选作基准的孔称为基准孔，其代号为 H，它的基本偏差为下极限偏差，其数值为零，公差带在零线的上方。

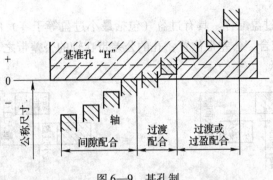

图6—9　基孔制

（2）基轴制。基本偏差为一定的轴的公差带，与不同基本偏差的孔的公差带形成各种配合的一种制度，如图6—10所示。

基轴制配合中选作基准的轴称为基准轴，其代号为 h，它的基本偏差为上极限偏差，其数值为零，公差带在零线的下方。

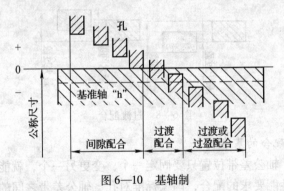

图6—10　基轴制

五、标准公差与基本偏差

1．标准公差

标准公差是国家标准《极限与配合》中所规定的任一公差。

国家标准在公称尺寸至 500 mm 内规定了 20 个公差等级，用符号 IT01、IT0、IT1、IT2、…、IT18 表示，从 IT01 至 IT18 公差等级依次降低。

2. 基本偏差

基本偏差是国家标准《极限与配合》中所规定的，用以确定公差带相对于零线位置的上极限偏差或下极限偏差，一般指靠近零线的那个偏差。孔、轴各规定了 28 种基本偏差系列，用拉丁字母表示，孔大写，轴小写，如图 6—11 所示。

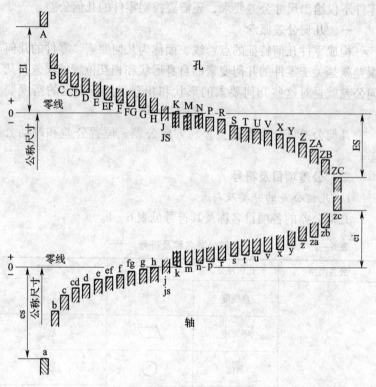

图 6—11　基本偏差系列图

模块三 几 何 公 差

为了满足机械产品的使用性能，保证零件的互换性，对机械零件不仅给出尺寸公差要求，还需要控制零件的几何公差。

一、几何公差概念

构成零件几何特征的点、线、面称为几何要素，零件的几何误差就是关于零件的几何要素的自身形状和相互位置的误差，几何公差就是对这些几何要素的形状和相互位置所提出的精度要求。

几何公差可分为形状公差、方向公差、位置公差和跳动公差。

二、公差项目及符号

1. 几何公差的分类及符号

几何公差的各项目名称及其符号见表6—1。

表6—1 　　　　　　　几何公差名称及符号

公差类型	几何特征	符号	有无基准
形状公差	直线度	——	无
	平面度	▱	无
	圆度	○	无
	圆柱度	⌀	无
	线轮廓度	⌒	无
	面轮廓度	⌓	无

公差类型	几何特征	符号	有无基准
方向公差	平行度	//	有
	垂直度	⊥	有
	倾斜度	∠	有
	线轮廓度	⌒	有
	面轮廓度	⌓	有
位置公差	位置度	⊕	有或无
	同心度	◎	有
	同轴度	◎	有
	对称度	═	有
	线轮廓度	⌒	有
	面轮廓度	⌓	有
跳动公差	圆跳动	↗	有
	全跳动	⫽↗	有

2. 几何公差的标注

几何公差框格由两格或多格组成，可以水平绘制，也可以垂直绘制，框格中的内容从左到右按以下次序填写，几何公差代号如图6—12所示。

第1格：几何公差项目符号。

第2格：几何公差数值及其他有关符号。

第3格：基准字母及其他有关符号。

图6—12　几何公差代号

3．被测要素

用带箭头的指引线将框格与被测要素相连。标注方法如下：

（1）当被测要素是组成要素时，指引线箭头指向被测要素的轮廓线上或其延长线上，指引线应与该要素的尺寸线明显错开，如图6—13所示。

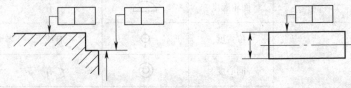

图6—13　被测要素注法（一）

（2）当被测要素是导出要素时，指引线箭头应与尺寸线对齐，如图6—14所示。

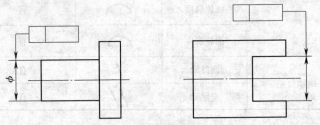

图6—14　被测要素注法（二）

4．基准

被测要素的位置公差总是相对于某一基准要素而定的，基准代号如图6—15所示，基准用一个大写字母表示。字母标注在基准方格内，与一个涂黑或空白的三角形相连。基准符号中的连线应与基准要素垂直。无论基准符号在图样中方向如何，方格内字母都应水平书写。

（1）当基准要素是组成要素时，基准三角形放置在要素的轮廓线上或其延长线上，应与该要素的尺寸线明显错开，如图6—16所示。

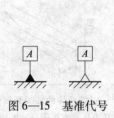

图6—15　基准代号

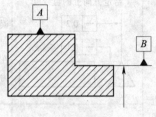

图6—16　基准注法（一）

（2）当基准要素是导出要素时，基准三角形应放置在该尺寸线的延长线上，如图6—17所示。

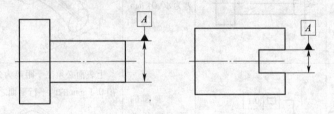

图6—17　基准注法（二）

三、几何公差的应用和解读（见表6—2）

表6—2　　　　　　　　几何公差的应用和解读

公差	示例	识读	设计要求
直线度	给定平面内的直线度 □ 0.02	圆柱面素线的直线度公差为0.02 mm	圆柱面上任意素线必须位于轴截面内，且距离为公差值0.02 mm的两平行直线之间 0.02

公差	示例	识读	设计要求
直线度	给定方向上的直线度 — 0.2 — 0.1	棱线直线度误差在水平方向上为0.2 mm，在垂直方向上为0.1 mm	棱线必须位于正截面为0.1 mm×0.2 mm的四棱柱内
	任意方向上的直线度 — $\phi 0.04$	ϕd外圆的轴线，其直线度公差为$\phi 0.04$ mm	ϕd圆柱体的轴线必须位于直径为公差值0.04 mm的圆柱内
平面度	□ 0.1	上表面的平面度公差为0.1 mm	上表面必须位于距离为公差值0.1 mm的两平行平面之间
圆度	○ 0.02	圆锥面的圆度公差为0.02 mm	垂直于轴线的任意正截面上，被测圆必须位于半径差为公差值0.02 mm的两同心圆之间的区域内

公差	示例	识读	设计要求
圆柱度	⬦0.05	圆柱面的圆柱度公差为0.05 mm	圆柱面必须位于半径差为公差值0.05 mm的两同轴圆柱面之间的区域内
线轮廓度	⌒0.04 R10 22±0.1 R25 22 60	外形轮廓的线轮廓度公差为0.04 mm	在平行于正投影面的任一截面上，实际轮廓线必须位于包络一系列直径为公差值0.04 mm的圆的两包络线之间，诸圆圆心位于理想轮廓线上 ⌀0.04 R25 R10 60 22
面轮廓度	⌓0.02	椭圆面上的面轮廓度公差为0.02 mm	实际轮廓面必须位于包络一系列直径为公差值0.02 mm，球心位于理想轮廓面上的球的两包络面之间 S⌀0.02 理想轮廓面

公差	示例	识读	设计要求
平行度		被测孔轴线对基准轴线的平行度误差在水平方向上为0.2 mm，在垂直方向上为0.1 mm	被测孔轴线必须位于正截面为0.1 mm×0.2 mm的四棱柱内
垂直度		ϕd 轴线对底平面的垂直度公差为$\phi 0.05$ mm	ϕd 轴线必须位于直径为公差值0.05 mm且垂直于基准平面的圆柱面内
倾斜度		斜表面对轴线的倾斜度公差为0.05 mm	斜表面必须位于距离为公差值0.05 mm，且与基准轴线成60°角的两平行平面之间

公差	示例	识读	设计要求
同轴度		ϕd 外圆轴线相对于基准轴线 A—B 的公共轴线的同轴度公差为 $\phi 0.1$ mm	ϕd 轴线必须位于直径为公差值 0.1 mm，且与公共基准轴线 A—B 同轴的圆柱面内 A—B 公共基准轴线
对称度		键槽两侧面的中心对称平面对轴线的对称度公差为 0.1 mm	键槽两侧面的中心对称平面必须位于距离为公差值 0.1 mm 且相对于基准轴线 A 对称配置的两平行平面之间 辅助平面　基准轴线
位置度		ϕD 孔轴线对三基准平面 A、B、C 的位置度公差为 $\phi 0.1$ mm	ϕD 孔轴线必须位于直径为公差值 0.1 mm，且以孔轴线的理想位置为轴线的圆柱面内 A 基准平面　B 基准平面　C 基准平面

公差	示例	识读	设计要求
圆跳动	$\nearrow$ $\boxed{0.05\ A}$ ϕd_2 ϕd_1 $\boxed{A}$	ϕd_2 圆柱面对基准轴线 A 的径向圆跳动公差为 0.05 mm	ϕd_2 圆柱面绕基准轴线回转一周时,在垂直于基准轴线的任一测量平面内的径向跳动量均不得大于公差值 0.05 mm 0.05 基准轴线 基准平面
全跳动	$\boxed{\nearrow\nearrow\ 0.2\ A}$ ϕd_2 ϕd_1 $\boxed{A}$	ϕd_2 圆柱面对基准轴线 A 的径向全跳动公差为 0.2 mm	ϕd_2 圆柱面绕基准轴线连续回转,同时指示器相对于圆柱面做轴向移动,在 ϕd_2 整个圆柱表面上的径向跳动量不得大于公差值 0.2 mm 0.2 基准轴线

模块四　表面粗糙度

一、表面粗糙度概念

表面粗糙度是指加工表面上具有较小间距的峰谷所组成的表面微观几何形状误差。看上去光滑平整的零件表面，若用放大镜或仪器观察，仍然可看到高低不同的加工痕迹，如图 6—18 所示。

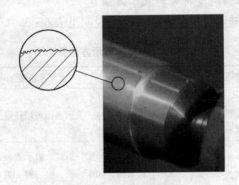

图 6—18　表面粗糙度

国家标准中规定，常用的表面粗糙度评定参数有：轮廓算术平均偏差（Ra）、轮廓的最大高度（Rz）。一般情况下，轮廓算术平均偏差为最常用的评定参数。

1. 算术平均偏差 Ra

指在一个取样长度内，纵坐标 z（x）绝对值的算术平均值（见图 6—19）。

2. 轮廓的最大高度 Rz

指在同一取样长度内，最大轮廓峰高与最大轮廓谷深之和的高度（见图 6—19）。

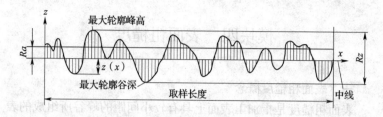

图 6—19　算术平均偏差 Ra 和轮廓的最大高度 Rz

二、表面粗糙度符号

1. 表面粗糙度符号的表示方法

表面粗糙度符号的表示方法及说明见表 6—3。

表 6—3　　　表面粗糙度符号的表示方法及说明

符号	意义及说明
√	基本符号，表示表面可用任何方法获得
√	基本符号加一短线，表示表面用去除材料方法获得，如车、铣、钻、磨、剪切、抛光、腐蚀、电火花加工、气割等
√	基本符号加一小圆，表示表面用不去除材料方法获得，如铸、锻、冲压变形、热轧、冷轧、粉末冶金等
√　√　√	在上述三个符号的边上均加一横线，用于标注有关参数和说明

2. 表面粗糙度在图样上的标注

在图样上，表面粗糙度代号一般注在可见轮廓线、尺寸界限或其延长线上，也可以注在引出线上；符号的尖端必须从材料外指向零件表面，代号中数字及符号的注写方向应与尺寸数字方向一致，图样中常见表面粗糙度标注见表6—4。

表6—4 　　　　　　　表面粗糙度在图样上的标注

图　　例	说　　明
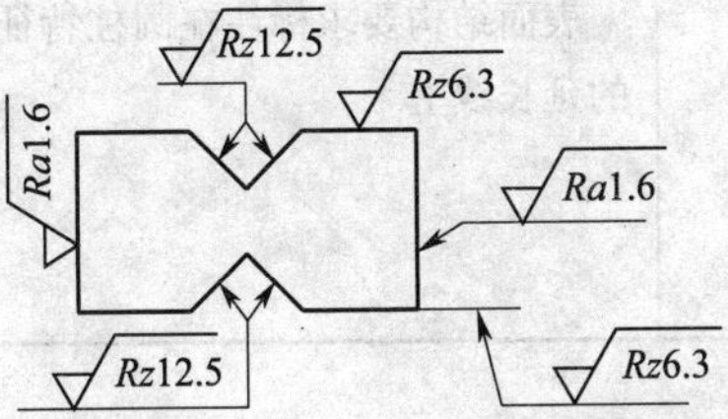	表面结构要求标注在轮廓线上
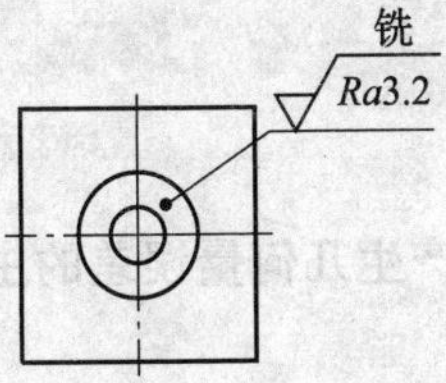	用指引线引出表面结构要求
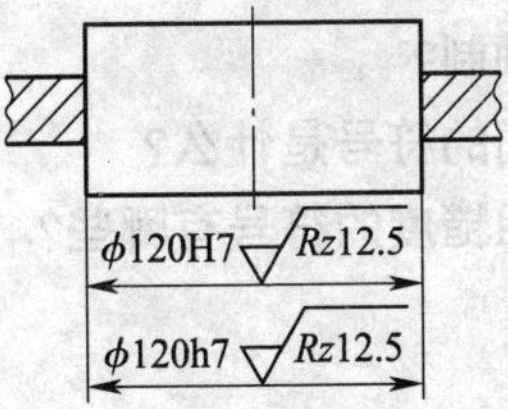	表面结构要求标注在尺寸线上
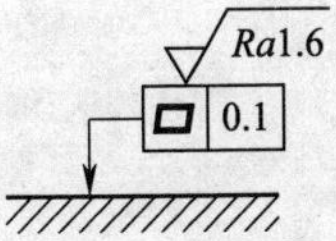	表面结构要求标注在几何公差框格的上方

图 例	说 明
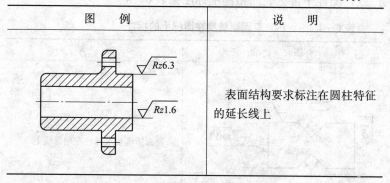	表面结构要求标注在圆柱特征的延长线上

练 习 题

一、什么是互换性？

二、几何量误差包括哪些内容？产生几何量误差的主要因素是什么？

三、零件的实际尺寸在什么情况下说明零件合格？

四、配合有几种？都是什么配合？

五、什么是基孔制？什么是基轴制？

六、几何公差有哪些项目？它们的符号是什么？

七、什么是表面粗糙度？表面粗糙度的符号有哪些？

第七单元　识读零件图

　　零件图是表示零件结构形状、大小及技术要求的图样，它是用来制造和检验零件的依据。在生产过程中，要根据零件图所注的材料和数量进行备料，然后依据零件图中的图形、尺寸和其他要求进行加工制造，再依据图样中的各项要求检验零件是否合格。因此零件图是指导零件加工制造与检验零件质量的重要技术文件。

模块一　零件图的内容

　　任何机器或部件都是由一些标准件、常用件和一般零件构成的。图7—1为铣刀头中一般零件（轴）的零件图。一张零件图一般包括：

　　1．一组图形

　　根据零件的结构特点选择视图、剖视图、断面图、局部放大图及简化画法，用一组图形正确、完整、清晰和简便地表达出零件的结构形状。

　　2．完整的尺寸

　　正确、完整、清晰、合理地标注出制造和检验该零件时所需的全部尺寸。

　　3．技术要求

　　用一些规定的符号、数字、字母和文字给出零件在使用、制造和检验时应达到的各项技术指标，如尺寸公差、表面粗糙度、几何公差、表面处理和材料热处理的要求等。

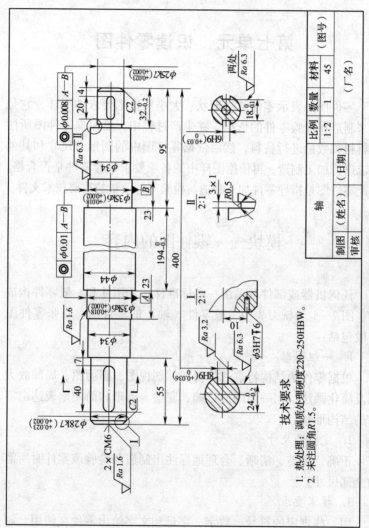

技术要求

1. 热处理：调质处理硬度220~250HBW。
2. 未注圆角R1.5。

图 7—1 轴的零件图

4. 标题栏

标题栏中应填写零件的名称、材料、数量、绘图比例、图样的编号、制图与校核人的姓名和日期等。

模块二　零件上常见的工艺结构

一、零件上的铸造工艺结构

1. 起模斜度

在铸造时，为了便于将木模从砂型中取出，在铸件的内外壁上沿着起模方向设计出斜度，如图 7—2a 所示。

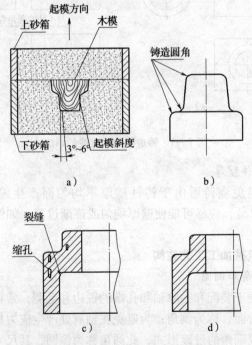

图 7—2　起模斜度、铸造圆角、铸件壁厚

2. 铸造圆角

为了防止起模或浇铸时砂型在尖角处脱落，以及防止铸件两表面的尖角处出现裂纹和缩孔，铸件表面相交处应做成圆角，如图7—2b 所示。由于铸件上圆角的存在，使得铸件表面的交线变得不够明显。为了区分不同形体的表面，在零件图上仍画出两表面的交线，称为过渡线。可见过渡线用细实线表示，其画法与相贯线画法基本相同，画到理论交点为止，如图7—3 所示。

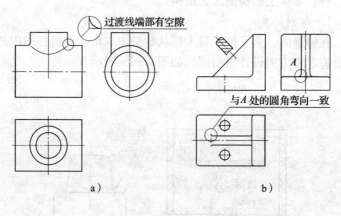

图7—3　铸造件的过渡线的画法

3. 铸件壁厚

为了避免浇铸后由于铸件壁厚不均匀而产生缩孔或裂纹（见图7—2c），应尽可能使壁厚均匀或逐渐过渡，如图7—2d 所示。

二、机械加工工艺结构

1. 倒角和倒圆

为了便于装配和去除轴和孔端的锐边和毛刺，常将轴端或孔口做成圆台面，称为倒角；为避免在轴肩处产生应力集中，将轴肩处加工成圆角的过渡形式，此圆角称为倒圆，其尺寸注法如图7—4 所示。

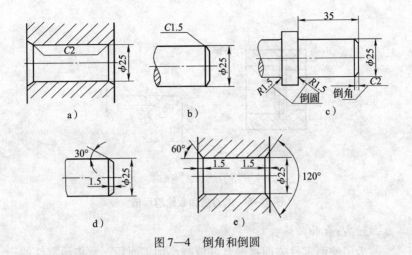

图7—4　倒角和倒圆

2. 退刀槽和砂轮越程槽

　　为了在切削加工时容易退出刀具或使砂轮稍微越过加工面，以及在装配时保证相邻零件紧靠，常在被加工面的轴肩处预先车出退刀槽或砂轮越程槽，其结构形成及标注如图7—5所示。

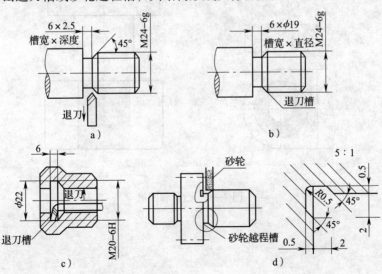

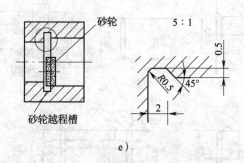

e)

图7—5　退刀槽和砂轮越程槽

3．凸台和凹坑

为了使两零件表面接触良好或减小加工面积，常将两零件的接触表面做成凸台或凹坑，如图7—6所示。

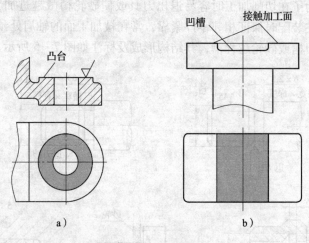

a)　　　　　　　　　b)

图7—6　凸台和凹坑

模块三　零件尺寸的合理标注

零件图中的尺寸标注要满足正确、齐全、清晰和合理。本部分将重点阐述零件尺寸标注的合理性问题。

一、基准

根据用途不同基准可分为设计基准和工艺基准。

1. 设计基准

设计基准是确定零件在机器中工作位置的面或线。

2. 工艺基准

工艺基准是在加工或测量时确定零件位置的面或线。

一般情况下，机件应设长、宽、高三个方向的尺寸基准，称为主要基准（主要基准一般为设计基准）；为了便于加工和测量，有时还需要设立辅助基准（一般为工艺基准），主要基准和辅助基准之间应有尺寸联系。

二、合理标注尺寸的原则

1. 重要尺寸应从主要基准直接注出

重要尺寸指那些确保产品工作性能的尺寸、有配合要求的尺寸及重要的相对位置尺寸。

2. 不要注成封闭的尺寸链

如图 7—7a 所示的尺寸，由 l_1、l_2、l_3 及 l 构成首尾相接的一圈尺寸，称为封闭尺寸链。这样的标注方法，虽然各轴段的精度可以得到保证，但总体尺寸的精度却无法保证。正确的注法是：选择一个不重要的轴段空出，不标注尺寸，称为开口环，如图 7—7b 所示。

3. 标注尺寸应便于加工和测量

如图 7—8b 中，以圆柱轮廓线为基准测量键槽深度及以左、右端面为基准测量大孔的深度是合理的。

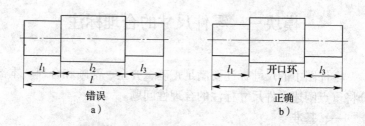

l_1 l_2 l_3

l

错误

a)

l_1 开口环 l_3

l

正确

b)

图 7—7   封闭尺寸链和开口环

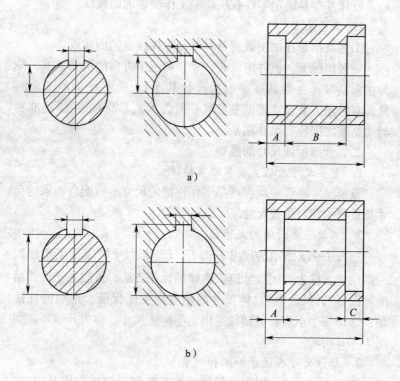

a)

b)

图 7—8   按测量要求标注尺寸

a) 不便于测量   b) 便于测量

4. 零件上常见孔的尺寸注法

零件上常见的孔有光孔、沉孔、锪平孔和螺纹孔等，它们的尺寸标注有一般注法和简化注法，见表7—1。

表7—1　　　　　　　零件上常见孔的尺寸注法

零件结构类型		简化注法	一般注法	说明
光孔	一般孔	$4\times\phi5\downarrow10$　　$4\times\phi5\downarrow10$	$4\times\phi5$	$4\times\phi5$ 表示直径为 5 mm 的四个光孔，孔深可与孔径连注
	精加工孔	$4\times\phi5^{+0.012}_{0}\downarrow10$　孔$\downarrow12$　　$4\times\phi5^{+0.012}_{0}\downarrow10$　孔$\downarrow12$	$4\times\phi5^{+0.012}_{0}$	光孔深为 12 mm，钻孔后需精加工至 $\phi5^{+0.012}_{0}$ mm，深度为 10 mm
	锥孔	锥销孔$\phi5$ 配作　　锥销孔$\phi5$ 配作	锥销孔$\phi5$ 配作	$\phi5$ mm 为与锥销孔相配的圆锥销小头直径（公称直径）。锥销孔通常是两零件装在一起后加工的，故应注明"配作"

零件结构类型		简化注法	一般注法	说明
沉孔	锥形沉孔	4×φ7 ⌵φ13×90° / 4×φ7 ⌵φ13×90°	90° φ13 / 4×φ7	4×φ7 表示直径为 7 mm 的四个孔。90° 锥形沉孔的最大直径为 φ13 mm
	柱形沉孔	4×φ7 ⊔φ13⊤3 / 4×φ7 ⊔φ13⊤3	φ13 / 3 / 4×φ7	四个柱形沉孔的直径为 φ13 mm,深度为 3 mm
	锪平沉孔	4×φ7 ⊔φ13 / 4×φ7 ⊔φ13	φ13 / 锪平 / 4×φ7	锪孔 φ13 mm 的深度不必标注,一般锪平到不出现毛面为止
螺纹孔	通孔	2×M8 / 2×M8	2×M8	2×M8 表示公称直径为 8 mm 的两螺纹孔,中径和顶径的公差带为6H
	不通孔	2×M8⊤10 孔⊤12 / 2×M8⊤10 孔⊤12	2×M8 / 10 / 12	表示两个螺纹孔 M8 的螺纹长度为 10 mm,钻孔深度为 12 mm,中径和顶径的公差带代号为6H

模块四 识读零件图的要求、方法和步骤

一、看图要求
1. 了解零件的名称、材料及其在机器或部件中的作用。
2. 了解组成零件的各部分的结构形状及它们之间的相对位置。
3. 分析尺寸基准及尺寸标注。
4. 了解零件的制造方法、工艺结构及技术要求。

二、看图的方法与步骤
1. 看图方法
以形体分析法为主，线面分析法为辅。

2. 看图的步骤
（1）看标题栏。了解零件的名称、材料、比例等，从而联想它在机器或部件中的功用。

（2）视图分析。先找出主视图，再找出其他基本视图及辅助视图，明确它们之间的投影关系、表达方法和表达重点，若有剖视图或断面图，应找出相应的剖切位置。

（3）形体分析，构建整体形状。用形体分析法看主体结构，再用线面分析法看局部结构，并确定各组成部分的相对位置，最后综合起来想象出零件的整体结构形状。

（4）尺寸分析。先找出长、宽、高三个方向的主要尺寸基准，再找出各组成部分的定形尺寸和定位尺寸，并搞清楚哪些是重要尺寸。

（5）分析技术要求。分析表面粗糙度、尺寸公差、几何公差及其他技术要求，搞清楚哪些属于要求加工的表面及所应达到的精度标准。

模块五　识读典型零件的零件图

根据零件在机器或部件中的功能和作用及结构形状的不同，可将零件分为轴套类、轮盘类、叉架类和箱体类四种典型零件。

一、识读轴套类零件图

轴套类零件包括轴、杆、套筒等。其主体结构是由不同直径的回转体组成的，其上有键槽、销孔、退刀槽、倒角、螺纹及中心孔等结构。其主要加工方法是车削、铣削和磨削等。轴类零件一般用来支承传动零件以传递动力；套类零件一般装在轴上起支承和保护转动零件及轴向定位等作用。

下面以铣刀头中的零件轴（见图7—1）的零件图为例，识读此类零件的零件图。

1. 看标题栏

零件名称为轴，绘图比例1:2，材料为45钢。

2. 视图分析

图中共有五个图形：一个主视图、两个移出断面图和两个局部放大视图。其中主视图按加工位置原则确定。

3. 形体分析，构建整体形状

根据主视图及所注尺寸确定该轴是由七段不同直径的同轴圆柱体构成。左侧轴段和右侧轴段上分别有单面和双面键槽，轴的左端钻一个销孔，右侧轴段上有一个砂轮越程槽，同时轴两端各有一个中心孔（CM6）。

4. 尺寸分析

以轴线作为径向尺寸基准，由此注出各轴段的直径及销孔的定位尺寸10；长度方向以右侧 $\phi35$ 与 $\phi44$ 轴肩处为主要尺寸基准，由此注出尺寸23、95和194；左、右端面及左侧 $\phi35$ 与 $\phi44$

轴肩处等均为长度方向的辅助基准，由此注出 32、55、23、4 等尺寸。注有偏差的尺寸均为重要的配合尺寸，还有其他尺寸请读者自行分析。

5. 分析技术要求

安装轴承的轴段表面粗糙度 Ra 值为 1.6 μm，键槽侧面的 Ra 值为 3.2 μm，图中注有公差带代号（或极限偏差）的尺寸均为有配合要求的表面。由于两处 φ35 轴段与轴承配合，因此两轴段的轴线对公共轴线 $A—B$ 有同轴度要求，同样 φ25 轴线对公共轴线 $A—B$ 也有同轴度要求。轴要求调质处理：硬度为 220 ～ 250HBW。

二、识读轮盘类零件图

轮盘类零件包括手轮、带轮、棘轮、链轮、齿轮和端盖等。这类零件在机器中主要起传递动力、轴向定位及密封的作用。该类零件的基本形体大都是回转体，沿圆周有均布的孔、轮辐、肋等结构，加工方法以车削为主。下面以铣刀头中的零件端盖（见图 1—2）为例，识读此类零件的零件图。

1. 看标题栏

零件名称为端盖，材料为灰铸铁（HT150），比例为 1∶2。

2. 分析视图

图中共有三个图形，分别为主视图、左视图和一个局部放大图，其中主视图和局部放大图采用了剖视，左视图采用了简化画法。主视图按加工位置原则确定。

3. 形体分析，构建整体形状

运用形体分析法可知端盖的外形为两段同轴圆柱体，沿圆周有六个均布的沉孔，内孔为柱形阶梯孔，同时左段设有凹陷的密封槽。

4. 尺寸分析

以轴线作为径向尺寸基准，由此注出各轴段直径；以右端面作为长度方向的尺寸基准，由此注出尺寸 5 和 18。

5．分析技术要求

端盖的右端面及右端凸缘（与座体相配合）表面的表面粗糙度 Ra 值为 6.3 μm，φ80f7 为重要的配合尺寸。

三、识读叉架类零件图

叉架类零件包括支架、拨叉和拉杆等。拨叉和拉杆一般用于机器的变速系统和操作系统中；支架主要起支承和连接的作用。这类零件一般由三个部分构成，即支承部分、工作部分和连接部分。这类零件多为铸件，且经过多道工序加工而成。

下面以图 7—9 为例，识读此类零件的零件图。

1．看标题栏

该零件名称是支架，材料为铸铁（HT150），比例为 1:2。

2．分析视图

图中共用了五个图形，分别为主、俯、左三个基本视图，一个局部视图和一个重合断面图。其中主视图为外形图，是按工作位置和形状特征来确定的；左视图是采用了两个平行的剖切面剖开的全剖视图；俯视图是在肋板处用水平剖切面剖开的全剖视图。

3．形体分析，构建整体形状

运用形体分析法可知支架上部为一圆筒，周围均匀分布有三个圆形凸缘，其顶部还有一个带半圆柱的长方体凸台，M10 的螺孔自凸台穿过与大孔贯通；底座部分是后部切有凹槽，前部切有两个 U 形槽的长方体；支承板是一个梯形板，中间开有凹槽，左、右侧面与圆筒表面相交；肋板为三棱柱体。支架各组成部分的相对位置如主视图所示，整个支架的结构如图 7—10 所示。

4．尺寸分析

其长度方向以左右对称面为主要基准，由此注出 9、12、φ24、70、110 及 140 等尺寸；宽度方向以圆筒后端面为主要基

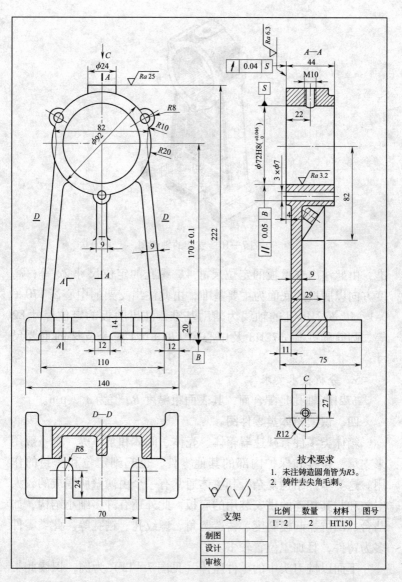

技术要求
1. 未注铸造圆角皆为R3。
2. 铸件去尖角毛刺。

支架		比例	数量	材料	图号
		1:2	2	HT150	
制图					
设计					
审核					

图 7—9 支架零件图

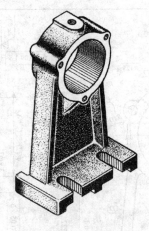

图 7—10　支架的轴测图

准，由此注出支承板的定位尺寸 4、螺孔的定位尺寸 22 等；高度方向以底板的底面为主要基准，由此注出支架的中心高 170 ± 0.1，以 ϕ72H8 孔的轴线为辅助基准，注出肋板的定位尺寸 82 等。圆筒的孔径 ϕ72H8 及中心高 170 ± 0.1 都是支架的重要尺寸。

5．分析技术要求

ϕ72H8 轴孔是配合面，其表面粗糙度 Ra 值为 3.2 μm。

四、识读箱体类零件图

箱体类零件有减速器箱体、壳体、阀体和泵体等。它一般用来支承、包容和保护内部的其他零件，也起到定位和密封的作用。这类零件结构复杂，其主体通常有一个由薄壁所围成的较大空腔和与其相连的供安装用的底板，此外还有许多细小结构，如凸台、凹坑、起模斜度、铸造圆角、螺纹孔、销孔等。此类零件多为铸件，且加工位置较多。

下面以铣刀头中的零件座体（见图 7—11）为例，识读此类零件的零件图。

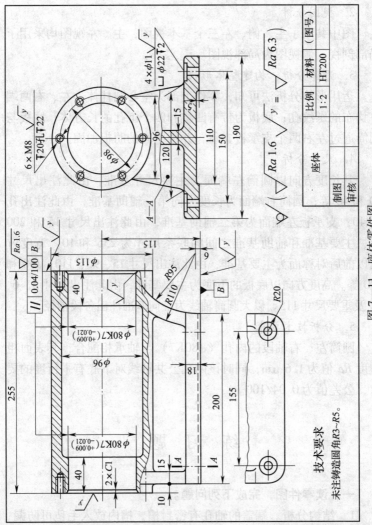

技术要求
未注铸造圆角R3~R5。

图 7—11 座体零件图

$\sqrt{}\left(\sqrt{Ra\,1.6}\quad\sqrt{}\quad y = \sqrt{Ra\,6.3}\right)$

	座体		比例	材料
			1:2	HT200
制图				（图号）
审核				

· 155 ·

1. 看标题栏

零件名称为座体，材料为灰铸铁（HT200），比例为1:2。

2. 视图分析

图中共用了主、俯、左三个基本视图，主、左视图均采用了局部剖视，俯视图为局部视图。

3. 形体分析，构建整体形状

运用形体分析法可知，零件上部为空心圆柱体，左、右两端有均布的螺纹孔；底板为带有凹坑和四个沉孔的长方体；底板与圆筒通过左右两个支承板支承，并用中间的肋板加固。

4. 尺寸分析

其长度方向以圆筒左端面为主要尺寸基准，由此注出尺寸10和40等；圆筒右端面为长度方向第一辅助基准，由此注出孔深40；支承板左端面为第二辅助基准，由此注出尺寸15和200等；主要基准和辅助基准之间的联系尺寸为255和10。宽度方向以前后对称面为主要基准，由此注出尺寸15、96、110、150和190等。高度方向以底板的下底为主要基准，由此注出尺寸5、6、18及重要尺寸115。以大圆筒轴线为径向基准注出各段轴径。

5. 分析技术要求

圆筒左、右轴段的内孔（$\phi80K7$）与轴承相配合，其表面粗糙度 Ra 值为 1.6 μm，同时该两孔公共轴线对下底有平行度的要求，公差值为 0.04/100。

练 习 题

一、读零件图，完成下列问题。

1. 结构分析。端盖的轴孔有密封槽，槽内放入毛毡可防漏、防尘。端盖的周边有（　　）个均布的沉孔，用（　　）将其与座体连接，并实现对轴向的定位和固定。

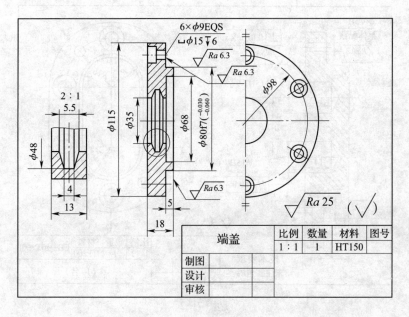

题图 7—1

2. 分析表达。端盖的主体结构形状是带轴孔的同轴回转体，主视图采用（　　）图，表达了轴孔、（　　）和周边（　　）的形状。左视图采用简化画法，画图形的一半，中心线上下各两条水平细实线是（　　）符号。为了清晰地标注密封槽的尺寸，采用了（　　）图表达。

3. 尺寸分析。以端盖的轴线为（　　）基准，以右端面为（　　）基准。与其他零件有配合功能要求的尺寸应注出公差，如（　　）。φ98 是 6 个均布孔的（　　）。

二、读齿轮油泵泵盖零件图，回答下列问题。

1. 泵盖主视图是采用（　　）的剖切平面剖得的（　　）图。

2. 用符号指出长、宽、高方向的主要尺寸基准。

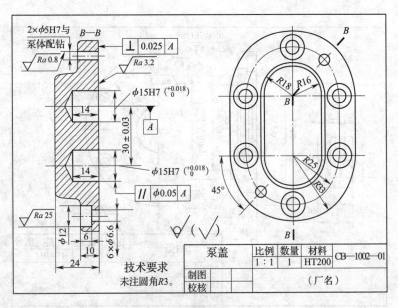

题图 7—2

3. 泵盖上有（　　）个销孔、（　　）个沉孔、（　　）个不通孔。沉孔的直径是（　　）深（　　）。

4. 尺寸 30±0.03 是（　　）尺寸。

5. 泵盖左视图中的定位尺寸有（　　）和（　　）。

6. 泵盖表面质量要求最高的表面是（　　），其表面粗糙度 Ra 值为（　　）。

7. 标题栏中的 HT200 表示（　　）。

8. 图中两几何公差的含义分别是：基准要素是（　　），被测要素是（　　）、（　　），公差项目是（　　）、（　　），公差值是（　　）、（　　）。

第八单元　识读装配图

模块一　装配图的内容和表达方法

任何复杂的机器都是由若干个零件装配而成。表示组成机器或部件的各零件间连接方式和装配关系的图样，称为装配图，如图 8—1 所示为滑动轴承的装配图（图 8—2 为它的分解轴测图）。在工业生产中，从设计到制造、调试、使用及维修都离不开装配图。

一、装配图的内容

一张完整的装配图主要包括以下四个方面的内容。

1. **一组图形**

用来表达装配体（机器或部件）的构造、工作原理、零件间的连接方式和装配关系及主要零件的结构形状。

2. **必要的尺寸**

用来表示装配体的规格（或性能）、装配、安装、检验、外形等所需的尺寸。

3. **技术要求**

用文字或符号说明装配体在装配、检验、调试及使用等方面需达到的要求。

4. **标题栏和明细栏**

在标题栏中填写装配体的名称、图号、绘图比例以及有关人员的责任签字等。明细栏用来填写零件序号、名称、材料、数量及标准件的代号等。

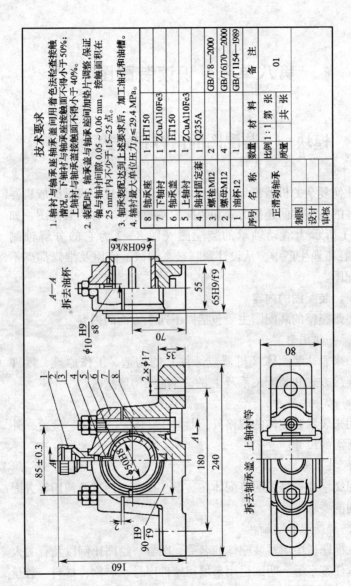

图 8—1 滑动轴承的装配图

技术要求

1. 轴衬与轴承座用轴承盖同用着色法检查接触情况。下轴衬与轴承座接触面不得小于50%；上轴衬与轴承盖接触面不得小于40%。
2. 装配时，轴承盖与轴承座间加垫片调整，保证轴与轴衬间隙0.05～0.06 mm，接触面积在25 mm²内不少于15~25点。
3. 轴承装配达到上述要求后，加工油孔和油槽。
4. 轴衬最大单位压力 $p \leqslant 29.4$ MPa。

序号	名称	数量	材料	备注
8	轴承座	1	HT150	
7	下轴衬	1	ZCuAl10Fe3	
6	轴承盖	1	HT150	
5	上轴衬	1	ZCuAl10Fe3	
4	轴衬固定套	1	Q235A	
3	螺栓M12	2		GB/T 8—2000
2	螺母M12	4		GB/T6170—2000
1	油杯12	1		GB/T1154—1989

正滑动轴承	比例1:1	质量	备注
	第 张 共 张		01

制图
设计
审核

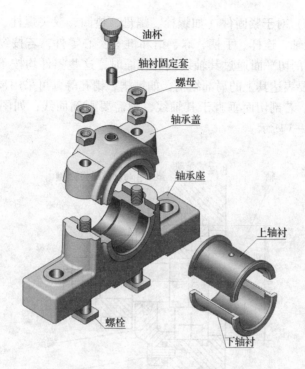

油杯

轴衬固定套

螺母

轴承盖

轴承座

上轴衬

螺栓

下轴衬

图 8—2　滑动轴承的分解轴测图

二、装配图的表达方法

零件图中所采用的表达方法（如视图、剖视图、断面图等）在装配图中也同样适用，但由于装配图和零件图表达的侧重点有所不同，因此装配图还有一些规定画法和特殊画法。

1. 装配图的规定画法

（1）两个零件的接触面及配合面，规定只画一条线；凡是非接触面、非配合面，无论间隙有多小，都必须画两条线。

（2）相邻两零件的剖面线的倾斜方法应相反，或者方向相同，间隔不同。但同一个零件在各视图上的剖面线方向和间隔必须一致（见图 8—1）。当零件厚度 ≤2 mm 时，允许以涂黑代替剖面符号。

（3）对于紧固件（如螺栓、螺母、垫圈、双头螺柱、螺钉等）及轴、连杆、手柄、球、销和键等实心零件，若按纵向剖切，且剖切平面通过其轴线或对称面时，这些零件均按不剖画（若需要表达其上的局部结构，如键槽、销孔等，可采用局部剖视图）；若剖切面垂直于其轴线，则需要画剖面线，如图8—1和图8—3所示。

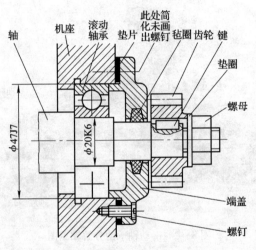

图8—3 装配图的规定画法

2．装配图的特殊画法

（1）拆卸画法

1）在装配图中，可假想沿两零件的结合面剖切，在零件的结合面上不画剖面线，但被切部分（如螺杆）必须画出剖面线，图8—1中的俯视图是沿轴承盖与轴承座的结合面剖开的半剖视图。

2）在装配图中，当某些零件遮挡了需要表达的结构和装配关系时，可假想将这些零件拆下，将其余部分向投影面投射，并在相应的视图上方注出"拆去××"等字样，如图8—1中的左视图中，拆去了油杯。

（2）假想画法

对部件中某些零件的运动范围和极限位置，可用细双点画线表示其轮廓；对于与本部件有装配关系，但又不属于本部件的其他相邻零、部件，其轮廓线用细双点画线画出，如图1—8所示。

（3）简化画法

1）对于装配图中若干相同的零件组（如螺栓连接），可仅详细地画出一组或几组，其余用细点画线表示装配位置。

2）在装配图中，零件的工艺结构（如倒角、圆角、退刀槽等）允许省略不画；螺栓头部、螺母、滚动轴承等均可采用简化画法，如图8—3所示。

（4）夸大画法

对于薄片零件、细丝弹簧和微小间隙等，若按其实际尺寸在装配图上很难清楚地表示时，均可不按比例夸大画出，如图8—3中垫片的画法。

模块二　装配图的尺寸标注、零部件序号和明细栏

一、装配图的尺寸标注

装配图中所需标注的尺寸，是根据装配图的作用而确定的，其中包括：

1. 规格（性能）尺寸

表示机器（或部件）规格或性能的尺寸，它是设计和选用机器（或部件）的依据，如图8—1中轴承孔的尺寸 $\phi50H8$ 为该部件的规格尺寸。

2. 装配尺寸

（1）配合尺寸：表示两零件配合性质的尺寸，如图8—1中90H9/f9 为轴承盖与轴承座间的配合尺寸。

（2）相对位置尺寸：确定两零件在装配时的相对位置的尺寸，如图 8—1 中 85 ±0.3 为确定两螺栓的相对位置的尺寸。

3．安装尺寸

将机器或部件安装到地基上或其他设备上所需的尺寸，图 8—1 中尺寸 180 为滑动轴承的安装尺寸。

4．总体尺寸

表示装配体外形轮廓的尺寸，即总长、总宽和总高。如图 8—1 中，240、80、160 为滑动轴承的总体尺寸。

5．其他重要尺寸

在设计时经过计算或根据某种需要确定的但又不属于上述四类尺寸的尺寸，如运动零件的极限位置尺寸、主要零件的重要结构尺寸等。

二、装配图上的零部件序号和明细栏

为了便于看图和图样管理，必须对装配图上所有零、部件进行编号，并在标题栏上方编制明细栏，将每个零、部件编号、名称、代号等信息注写在明细栏内。

1．序号的编写方法

（1）每一种零件只编写一个序号，对于标准部件（如油杯、滚动轴承、电动机等）可视为一个整体，只编写一个序号，零、部件序号要用指引线和数字来标注。

（2）指引线的画法

1）指引线应从所指零件的可见轮廓线内用细实线向图外引出，并在初始端画一圆点，如图 8—4a 所示。

2）当所指部分很薄或剖面涂黑不宜画小圆点时，可在指引线引出端画上箭头，并指向该部分的轮廓，如图 8—4b 所示。

3）指引线不能相交，也不能与剖面线平行，特殊情况下，指引线可弯折一次，如图 8—4b、c 所示。

4）一组紧固件及装配关系清楚的零件组可采用公共指引线，如图 8—4d 所示。

（3）零件序号的标注形式

1）在指引线的末端用细实线画上横线或圆，在横线上或圆内注写序号，字高比装配图中数字大一号或两号（见图8—4a、b、c、d）。

2）在指引线的末端附近直接注写序号，字高比装配图中数字大两号，如图8—4e所示。

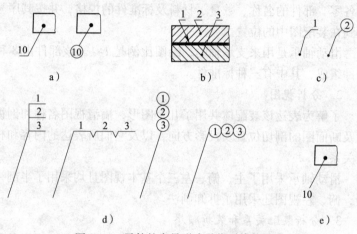

图8—4　零件的序号形式及指引线的画法

2．明细栏

明细栏一般由序号、名称、代号、数量、材料、质量、备注等组成。明细栏一般画在标题栏上方，序号应按自下而上的顺序填写，当位置不够时，可在标题栏左边的位置自下而上延续。备注栏内可填写标准件的国家标准代号。

模块三　识读装配图的方法与步骤

看装配图的目的是搞清楚该装配体的名称、性能、用途和工作原理，读懂各零件的主要结构及其在装配体中的作用，明确各零件间的装配关系及连接方式，了解装配体的装拆顺序等。

一、看装配图的方法和步骤

例一：识读图8—1所示滑动轴承的装配图（参看图8—2所示滑动轴承的分解轴测图）。

1. 概括了解

由标题栏了解装配体的名称、用途及绘图比例；由明细栏了解各零、部件的名称、数量、材料及标准件的规格，并按其序号找到在装配图中的位置。

滑动轴承是用来支承轴的，绘图比例是1:1。该部件由8种零件组成，其中有三种标准件。

2. 分析视图

了解为表达该装配体共用了几个图形，搞清视图名称和剖视图及断面图的剖切位置及投影方向，以及它们所表达的内容和相互关系。

滑动轴承采用了主、俯、左三个基本视图且均采用了半剖视图，俯、左视图还采用了拆卸画法。

3. 分析装配关系和装拆顺序

分析各零件间的连接与固定、定位与调整、密封与润滑及配合关系、运动传递和装拆顺序等。装配关系是指把零件组装成机器或部件；拆卸关系是指把机器或部件分拆成单一的各个零件。

滑动轴承的轴承座与轴承盖用两个方螺栓连接，油杯与轴承盖通过螺纹连接，轴承盖的凸缘与轴承座的平凹槽形成间隙配合，轴衬的外表面分别与轴承盖和轴承座内孔形成过渡配合，轴衬的内孔与轴形成间隙配合，轴衬固定套与上轴衬形成过渡配合。

其装配顺序是先安装轴承座、下轴衬，接着装螺栓、上轴衬和轴承盖，再装轴衬固定套和油杯，最后装四个螺母。

4. 分析零件的主要结构及在装配体中的作用

为了更好地了解装配体的结构，应进一步分析零件的主要结构形状及其在装配体中的作用。分析时应从简到繁，即将一些标准件、常用件及结构形状简单的一般零件从装配图中分离出去，再去分析那些结构形状比较复杂的一般零件。

先运用投影关系（即长对正、高平齐和宽相等）、剖面线方向（同一个零件在不同的剖视图中剖面线的方向和间隔相等）、零件编号及装配图的规定画法和特殊画法，划定该零件在各视图中的投影范围，再运用形体分析法和线面分析法想象出该零件的结构形状，并进一步了解该零件在装配体中的作用。

滑动轴承的油杯、螺母和螺栓为标准件，上轴衬、下轴衬、轴承盖和轴承座为一般零件。

（1）轴承座底部为长方体，其上有两个小凸台和安装孔，在长方体的上面为带有部分曲面的柱体，两边有安装孔，上部有平凹槽（其侧面与轴承盖相配合），中间有半圆柱槽（与轴衬相配合），前后有半圆柱凸台。

（2）轴承盖中间是半圆柱体，两边是带有半圆柱的长方体凸缘，其上有安装孔，其顶部有带螺纹孔的圆柱形凸台（用来安装油杯），底部有切口（与轴承座相配合）。

（3）上、下轴衬为带有外缘与凹槽的半圆环，凹槽用来储存润滑油。此外，轴承盖与轴承座均为铸造件，其上有铸造圆角和铸造斜度。

注：当某些零件的结构形状在装配图上表达不够完整时，可先分析与它有连接关系的相邻零件的结构形状，根据它和周围零件的关系及其作用，再来确定该零件的结构形状。

5. 分析尺寸

（1）规格性能尺寸。该滑动轴承的规格尺寸为 $\phi50H8$，它表明与它相配合的轴的基本尺寸为 $\phi50$。

（2）装配尺寸。图中 85 ± 0.3、70、2 为相对位置尺寸；$90H9/f9$、$\phi10H9/s8$、$65H9/f9$、$\phi60H8/k6$ 为配合尺寸。

（3）安装尺寸。图中 $\phi17$ 和 180 为安装尺寸。

（4）外形尺寸。图中 240、160、80 为外形尺寸。

6．了解和分析技术要求

了解和分析技术要求的全部内容，就是要全面把握装配体在装配、检验、加工、使用及维护等方面应达到的标准及要求。

本例中，技术要求的第一项为检验要求；第二项为装配要求；第三项为加工要求；第四项为使用要求。

二、由装配图拆画零件图

在设计新产品时，是根据产品的使用要求画出其装配图，然后根据装配图画出一般零件的零件图；在机器维修时，需要更换某零件，要画出该零件的零件图；在识读装配图的教学过程中，常常要求拆画某些零件的零件图以检验识图的能力。

1．拆画零件图的方法和步骤

（1）读懂装配图。按前述读装配图的方法认真阅读装配图，全面深入了解该装配体的结构特点，搞清各零件的装配关系、连接方式和它们的主要结构形状及在装配体中所起的作用。

（2）分离零件，想象出零件的结构形状。分离零件就是将零件从装配图中分离出来，按前述的读图方法，想象出零件的结构形状。值得注意的是：由于装配图主要表达各零件间的装配关系，零件的某些结构形状往往表达得不够完整，因此在拆画零件图时，应根据零件的功用加以补充和完善。

（3）确定视图表达方案。选择零件图的表达方案时，不能简单地照搬装配图中的表达方案，应根据零件的结构特点，按照零件图的视图选择原则，重新确定表达方案。

（4）补全工艺结构。在装配图中，零件的工艺结构如倒角、倒圆、退刀槽等结构往往省略不画，拆画时必须按标准补全和完善。

（5）补全所缺尺寸。由于装配图中注出的只是一些必要的尺寸，很多尺寸是在拆画零件图时才确定的，因此，在拆画零件图时必须完整、正确、清晰和合理地注出制造和检验该零件所需的全部尺寸。

1）凡是装配图上已注的有关该零件的尺寸，应在相应的零件图上直接注出。

2）对零件上的各种标准结构和工艺结构，如各种沉孔、倒角、倒圆、越程槽、退刀槽、键槽、螺纹等尺寸，应查阅有关标准后再注出。

3）如所拆零件是齿轮、弹簧等常用件，应根据装配图中所提供的参数，通过计算来确定尺寸。

4）对装配图中有连接、装配、安装关系的尺寸，在标注相关尺寸时，要注意与相邻零件的尺寸协调一致。对于配合尺寸和重要的相对位置尺寸，应注出偏差数值。

5）对装配图中未注出的其他尺寸，可在装配图上直接测量，并按装配图的绘图比例换算，圆整后标出。

（6）注写技术要求。零件的表面粗糙度、尺寸公差和几何公差等技术要求，要根据该零件在装配体中的功能以及该零件与其他零件的关系来确定，零件的其他技术要求，可用文字注写在标题栏附近。正确、合理地制定技术要求，涉及机械设计方面的许多专业知识，初学者可参照同类产品的相应零件图，用类比法确定。

2. 拆画零件图示例

下面以图8—5中的齿轮油泵的装配图为例，介绍拆画零件图的方法和步骤。

（1）读懂装配图。齿轮油泵是用来输送润滑油的一个部件，其装配图选用了两个基本视图，主视图采用了A—A全剖图，主要表达了该部件的结构特点，各零件间的装配关系和连接方式；左视图采用了半剖视图，它是沿左端盖1和泵体6的结合面剖切的，清楚地反映出油泵的外部形状，两齿轮的啮合情况，销钉与螺钉沿四周的分布情况及油泵与机体的安装位置，在半剖视图上所作的局部剖视图则用来表达进油口的结构形状。

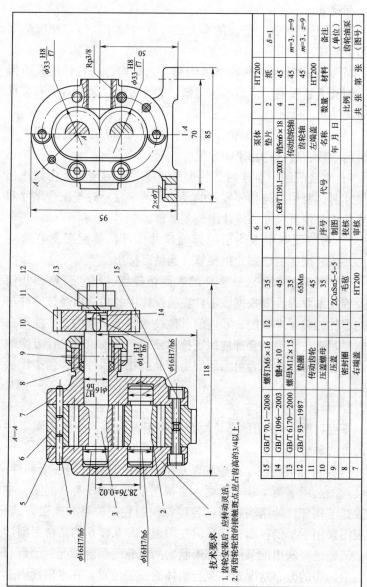

技术要求
1. 齿轮安装后，应转动灵活。
2. 两齿轮齿面的接触斑点应占齿高的3/4以上。

15		螺钉M6×16	12	35	
15	GB/T 70.1—2008	螺钉M6×16	12	35	
14	GB/T 1096—2003	键4×10	1	45	
13	GB/T 6170—2000	螺母M12×15	1	35	
12	GB/T 93—1987	垫圈	1	65Mn	
11		传动齿轮	1	45	
10		压盖螺母	1	35	
9		压盖	1	ZCuSn5-5-5	
8		密封圈	1	毛毡	
7		右端盖	1	HT200	
6		泵体	1	HT200	δ=1
5		垫片	2	纸	
4	GB/T 1191.1—2001	销6m6×18	4	45	
3		传动齿轮轴	1	45	$m=3$，$z=9$
2		齿轮轴	1	45	$m=3$，$z=9$
1		左端盖	1	HT200	
序号	代号	名称	数量	材料	备注
制图			年 月 日		（单位）
校核			比例		齿轮油泵
审核			共 张 第 张		（图号）

图 8—5 齿轮油泵装配图

· 170 ·

传动齿轮轴 3 和齿轮轴 2 装入泵体 6 后，泵体的长圆形空腔容纳一对齿轮，左、右端盖支承这一对轴，左、右端盖与泵体各用 2 个圆柱销定位、用 6 个螺钉连接，为防止漏油，泵体与泵盖的结合面分别用垫片 5 密封，并在传动齿轮轴的外伸端用密封圈 8、压盖 9 和压盖螺母 10 加以密封。

由传动齿轮 11 通过键 14，带动传动齿轮轴 3，再通过齿轮啮合带动齿轮轴 2。当主动轮逆时针旋转，从动轮顺时针旋转时，啮合区内前边的油被齿轮带走，压力降低形成负压，油池内的油在大气压强的作用下进入低压区的进油口，随着齿轮的连续转动，齿槽中的油就会不断地被带到后边的出油口把油挤出，送到机器中需要润滑的部位（见图 8—6）。

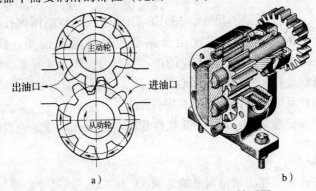

图 8—6　齿轮油泵的工作原理图及轴测图

（2）分离零件。按前述方法将泵体从装配图中分离出来，如图 8—7a 所示，根据两视图，想象出泵体的结构形状，如图 8—7b 所示。

（3）确定视图表达方案。由于在装配图中，左视图反映了泵体的外形、销孔与螺纹孔的分布情况、底座上沉孔及凹坑的形状、内部的长圆孔及与内孔相通的进油孔和出油孔，所以选择泵体的主视图时，以此作为主视图的投影方向。装配图中未画出的工艺结构，如圆角、倒角等需要在视图中补全。

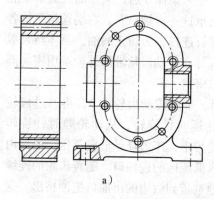

a)   b)

图8—7　分离零件

（4）补全所缺的尺寸。$\phi33H8/f7$ 是齿顶圆与泵体内孔的配合尺寸，在零件图上应注出公差带代号或上下偏差。此外，28.76 ± 0.02 是一对啮合齿轮的中心距尺寸，Rp3/8 是进、出油口的管螺纹代号，油孔的中心高为50，底板上的安装尺寸为70等，这些重要尺寸应直接注在零件图上。

某些标准结构，如与 M6 螺栓相配合的沉孔尺寸经查表确定为 $\frac{2 \times \phi7}{\llcorner \phi13}$。

销孔和螺孔的定位尺寸确定为45°和 $R23$，该尺寸必须与左、右端盖的尺寸协调一致。

零件的其他尺寸，按比例由装配图中量取，圆整后在零件图上注出。

（5）零件图上的技术要求。配合面的表面质量要求较高，Rz 为 $0.8\ \mu m$；其他表面的粗糙度值则要高些。为使齿轮传动灵活，对长圆孔的上、下轮廓素线提出平行度的要求，公差值不超过 $0.01\ mm$，同时孔的轴线相对于端面也提出垂直度的要求，其公差值不超过 $0.01\ mm$。其余的技术要求可用文字注写在标题栏的上方。图8—8为根据齿轮油泵的装配图拆画的泵体的零件图。

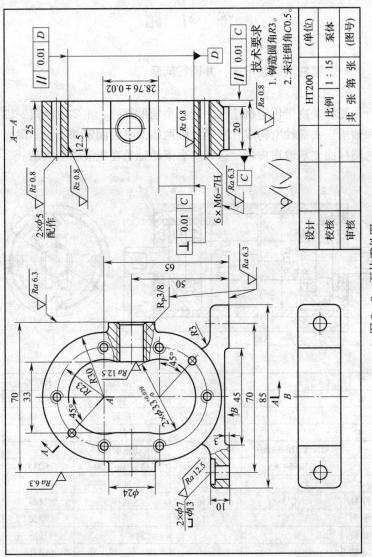

图 8—8 泵体零件图

· 173 ·

练 习 题

一、读托滚的装配图，并回答问题

1. 工作原理：

托滚是皮带传送机结构中的一个辅助部件，主要由滚筒、轴和轴承三大部件所构成，它通过轴两端的平面固定并支承。滚筒的圆柱面支承输送皮带。运转时靠滚动轴承在托滚轴上滚动。

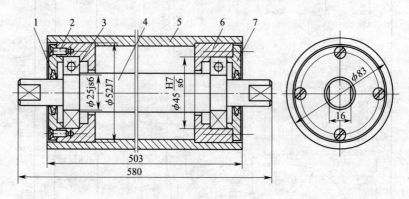

7		1	端盖	HT150
6		1	套	Q235
5		1	滚筒	无缝钢管
4		1	轴	45
3	GB/T 276—2003	2	滚动轴承 6305	
2	GB 68—85	8	螺钉 M6×20	Q235
1		2	油封	毛毡
序号	代号	数量	名称	材料
制图		年 月 日		（单位）
校核			比例	托滚
审核			共 张 第 张	（图号）

题图 8—1

2．回答问题

（1）不选用左视图可以吗？为什么？

（2）该部件由几种零件组成？有几个标准件？

（3）5 号件的壁厚是多少？

（4）主视图左、右两端打叉细实线表示什么？

（5）试述装拆顺序，并拆画滚筒 5、套 6 的零件图。

二、读手压阀的装配图，并回答问题：

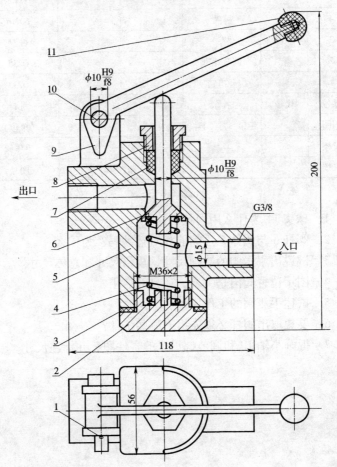

11		球头	1	胶木
10		小轴	1	15
9		手柄	1	15
8		锁紧螺母	1	Q235
7		填料	1	石棉绳
6		阀杆	1	45
5		阀体	1	HT150
4		弹簧	1	60Mn
3		胶垫	1	橡胶
2		调节螺母	1	Q235
1		开口销	1	Q235
序号	代号	名称	数量	材料
制图		年　月　日		(单位)
校核			比例	手压阀
审核			共　张　第　张	(图号)

题图 8—2

1. 球头 11 为什么用网状剖面线?
2. 阀杆 6 与阀体 5 之间能相对运动吗? 为什么?
3. 试说出手压阀的装配尺寸、规格尺寸和总体尺寸。
4. 图示位置阀门是关着,还是开启了?
5. 试述手压阀的工作原理。
6. 要想取出阀杆必须先拆下哪些工件?
7. 拆画小轴 10 和调节螺母 2 的零件图,并标注尺寸。

单元练习题部分参考答案

第二单元

一、根据三视图找出对应的轴测图，在括号内注出对应轴测图的字母，并补画视图中的缺线

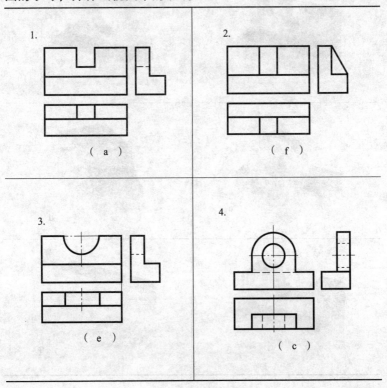

1. （ a ）

2. （ f ）

3. （ e ）

4. （ c ）

5.

(d)

6.

(b)

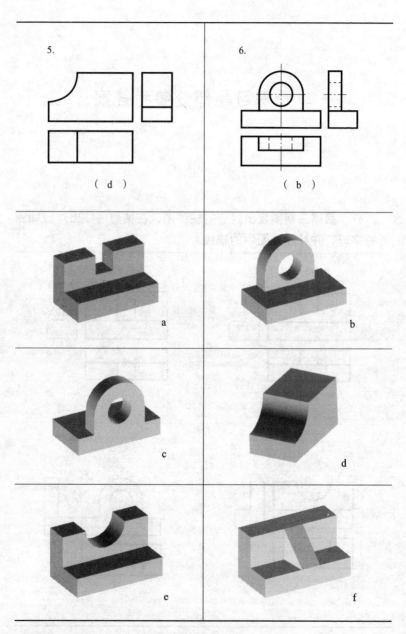

a

b

c

d

e

f

二、完成基本体的三视图

2.

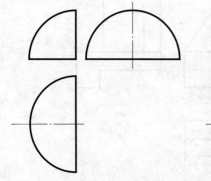

3.

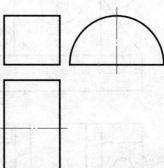

第三单元

一、补画下列组合体视图中的表面交线

1.

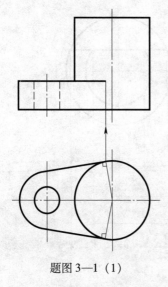

题图 3—1（1）

2.

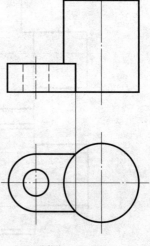

题图 3—1（2）

二、已知两视图补画第三视图

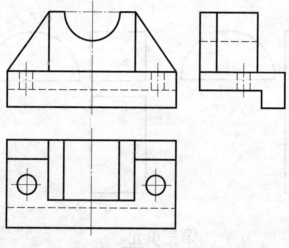

题图 3—2

三、完成切割体的三视图

1.

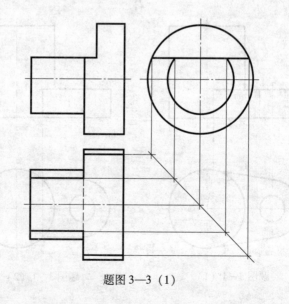

题图 3—3（1）

2.

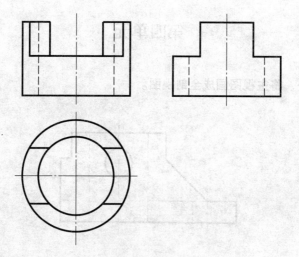

题图 3—3（2）

四、完成相贯线的投影

2.

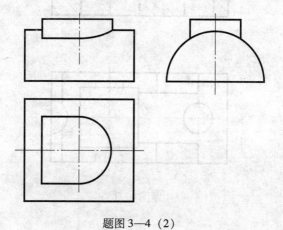

题图 3—4（2）

第四单元

一、将主视图画成全剖视图。

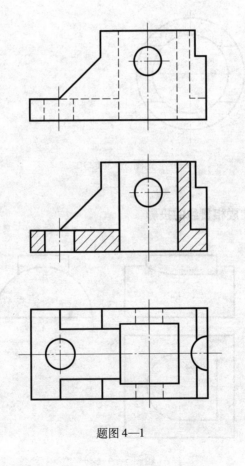

题图 4—1

二、用几个平行的剖切平面将主视图画成恰当的全剖视图。

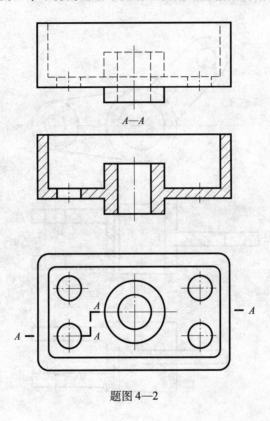

A—A

题图 4—2

三、用两个相交的剖切平面将主视图画成全剖视图。

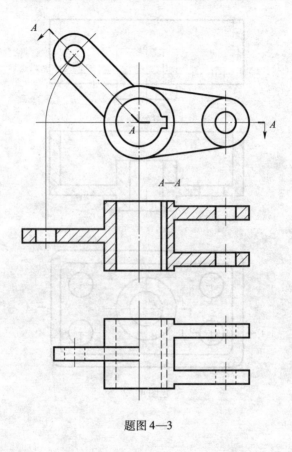

题图 4—3

四、按规定画法将主视图画成全剖视图。

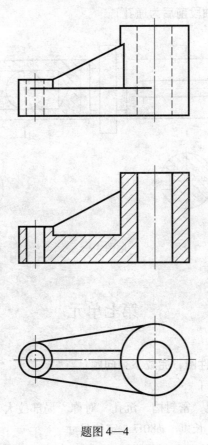

题图 4—4

五、在适当位置作移出断面图（左侧轴段单面键槽深 4 mm，右侧轴段前后为通孔）。

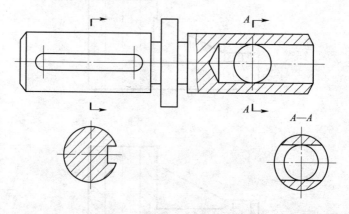

题图 4—5

第七单元

一、读零件图，完成下列问题：

1. 6   螺钉

2. 全剖视   密封槽   沉孔   对称   局部放大

3. 径向   长度 ϕ80f7   定位尺寸

二、读齿轮油泵泵盖零件图，回答下列问题

1. 相交   全剖视

2. 略

3. 2   6   2 ϕ12   6

4. 定位

5. 45° $R25$

6. ϕ5H7 的孔   0.8 μm

7. 灰铸铁抗拉强度为 200 MPa

8. 上孔 ϕ15H7 的轴线　右端面　下孔 ϕ15H7 的轴线　垂直度　平行度　0.025　ϕ0.015

第八单元

一、读托滚的装配图，并回答问题

2. 回答问题

（1）不可以。因为左视图表达了托滚的外形、轴端被切割后的形状和尺寸以及连接端盖和套的螺钉的分布情况。

（2）略。

（3）15.5。

（4）回转体上的平面。

（5）略。

二、读手压阀的装配图，并回答问题：

1. 球头的材料为胶木。

2. 能。通过其相对运动控制阀门启闭。

3. ϕ10H9/f8；G3/8；总体尺寸：118、56、200。

4. 关闭。

5. 顺时针转动手柄 9，阀杆 6 按下弹簧，管路开启；松开手柄，弹簧弹起，管路关闭。

6. 略。

7. 略。

培训大纲建议

一、培训目标

通过培训，培训对象可以读懂中等难易程度的零件图和装配图。

1. 熟悉国家标准《机械制图》的基本规定，并学会绘制简单的平面图形。

2. 掌握正投影法基本理论，并具备用视图、剖视图、断面图、简化画法等表达方法表示物体结构形状的能力。

3. 明确标准件及常用件（如螺纹紧固件连接、键和销连接、齿轮啮合、滚动轴承等）的规定画法。

4. 了解极限与配合、几何公差、表面粗糙度等技术要求的符号、代号及在图样上的标注。

5. 掌握零件尺寸的合理标注及零件上常见的工艺结构，学会识读中等难度的零件图。

6. 掌握装配图的表达方法，学会识读中等难度的装配图。

二、培训课时安排建议

总课时数：60 课时

理论知识课时：47 课时

操作技能课时：13 课时

具体培训课时分配见下表。

培训课时分配表

标题及内容	理论知识课时	操作技能课时	总课时	培训建议
第一单元　机械制图基本知识	**3**		**3**	
模块一　认识机械图样	1		1	重点：比例、图线和尺寸标注
模块二　制图的基本规定	2		2	
第二单元　投影法基础	**7**	**2**	**9**	
模块一　投影法概述	1		1	
模块二　物体的三视图及投影规律	2		2	重点：正投影法基本性质；三视图的形成及其投影规律；面的投影
模块三　点的投影	1		1	
模块四　直线的投影	1		1	难点：基本体的三视图
模块五　面的投影	1		1	
模块六　基本体的三视图	1	2	3	
第三单元　识读组合体的三视图	**7**	**3**	**10**	
模块一　截交线与相贯线的投影	2	1	3	重点：截交线及相贯线的投影；组合体中相邻表面的连接关系
模块二　组合体的组合形式与表面连接关系	1		1	
模块三　组合体的尺寸标注	2		2	难点：求立体表面点的投影的方法；形体分析法和线面分析法
模块四　识读组合体视图的方法和步骤	2	2	4	

标题及内容	理论知识课时	操作技能课时	总课时	培训建议
第四单元　机件常用的表达方法	**7**	**1**	**8**	重点：视图、剖视图、断面图及简化画法 难点：用各种剖切面剖切的剖视图的画法
模块一　视图	2		2	
模块二　剖视图	2	1	3	
模块三　断面图和局部放大图	2		2	
模块四　简化画法	1		1	
第五单元　标准件和常用件	**6**	**2**	**8**	重点：螺纹紧固件连接、键销连接、齿轮啮合、滚动轴承的规定画法 难点：螺纹紧固件连接和齿轮啮合的画法
模块一　螺纹及螺纹紧固件	2		2	
模块二　键、销连接	2		2	
模块三　齿轮和滚动轴承	2	2	4	
第六单元　极限与配合	**6**	**2**	**8**	重点：极限与配合、几何公差、表面粗糙度等技术要求的符号、代号及在图样上的标注 难点：基本偏差系列，几何公差解读
模块一　互换性与标准化	1		1	
模块二　尺寸公差	1	1	2	
模块三　几何公差	2	1	3	
模块四　表面粗糙度	2		2	

	标题及内容	理论知识课时	操作技能课时	总课时	培训建议
第七单元	**识读零件图**	**7**	**1**	**8**	
	模块一　零件图的内容	1		1	重点：识读典型零件的零件图 难点：零件尺寸的合理标注
	模块二　零件上常见的工艺结构	1		1	
	模块三　零件尺寸的合理标注	1		1	
	模块四　识读零件图的要求、方法和步骤	2		2	
	模块五　识读典型零件的零件图	2	1	3	
第八单元	**识读装配图**	**4**	**2**	**6**	
	模块一　装配图的内容和表达方法	2		2	重点：识读装配图 难点：装配图的特殊表达方法
	模块二　装配图的尺寸标注、零部件序号和明细栏	1	1	2	
	模块三　识读装配图的方法与步骤	1	1	2	

参考文献

［1］梁东晓. 机械识图入门［M］. 北京：中国劳动社会保障出版社，2006.

［2］果连成. 机械制图［M］. 6版. 北京：中国劳动社会保障出版社，2011.

［3］金大鹰. 机械制图［M］. 4版. 北京：机械工业出版社，2008.